中国厨柜 专业基础教材系列丛书

厨柜营销

CHUGUI YINGXIAO

李建清　傅琳浩　主编

中国五金制品协会整体厨房分会

厦门大学出版社　国家一级出版社
XIAMEN UNIVERSITY PRESS　全国百佳图书出版单位

图书在版编目(CIP)数据

厨柜营销/李建清,傅琳浩主编. —厦门:厦门大学出版社,2017.9
(中国厨柜专业基础教材系列丛书)
ISBN 978-7-5615-6639-8

Ⅰ.①厨…　Ⅱ.①李…②傅…　Ⅲ.①厨房-箱柜-市场营销学-教材　Ⅳ.①F768.5

中国版本图书馆 CIP 数据核字(2017)第 226374 号

出 版 人	蒋东明
策划编辑	张佐群
责任编辑	施建岚
封面设计	蒋卓群
技术编辑	许克华

出版发行　厦门大学出版社

社　　　址	厦门市软件园二期望海路 39 号
邮政编码	361008
总 编 办	0592-2182177　0592-2181406(传真)
营销中心	0592-2184458　0592-2181365
网　　　址	http://www.xmupress.com
邮　　　箱	xmupress@126.com
印　　　刷	厦门市金凯龙印刷有限公司

开本	787mm×1092mm　1/16
印张	12.25
字数	300 千字
版次	2017 年 9 月第 1 版
印次	2017 年 9 月第 1 次印刷
定价	58.00 元

本书如有印装质量问题请直接寄承印厂调换

厦门大学出版社
微信二维码

厦门大学出版社
微博二维码

编委会

"中国厨柜专业基础教材系列丛书"
参编企业及院校名单

主编单位：

中国五金制品协会整体厨房分会

参编单位：

厦门金牌厨柜股份有限公司

厦门好兆头厨柜股份有限公司

厦门尚宇环保股份有限公司

成都百威凯诚科技有限公司

百隆家具配件（上海）有限公司

海蒂诗五金配件（上海）有限公司

上海欧卡罗家居有限公司

福建钢泓金属科技股份有限公司

杭州丽博家居有限公司

宁波柏厨集成厨房有限公司

宁波欧琳厨具有限公司

广东东泰五金精密制造有限公司

广东皮阿诺科学艺术家居股份有限公司

佛山市顺德区悍高五金制品有限公司

中山市晟泰金属制品有限公司

博西家用电器（中国）有限公司

山东欧普科贸有限公司

厦门南洋学院

中南林业科技大学家具与艺术设计学院

南京林业大学

宁波职业技术学院

德国现代厨房协会AMK

序 一

一个民族最宏伟的建筑应该是教育体系——因为这个民族的未来、生命、信仰、道德、思想、知识和情感全存放在那里！

教育，特别是基础教育，恐怕未必是简单地随着社会的发展而发展的。在某种程度上，"教育"是应该有自己的体系的。中小学教育的学习主要集中在第一个层次，即单纯学习知识或学习"是什么"，并开始学习一些"为什么"。到了大学本科主要是学"是什么"和"为什么"，这期间对"为什么"的掌握要比中学时多很多，并开始接触第三个层次，关于"怎样做"的问题，即学习一些初级的研究方法。但是这些研究方法对于独立做一项研究还是远远不够的。而职业教育就应该更系统地学习关于"怎样做"的问题，并且必须加强处理矛盾的能力，特别是能直面实践中存在的一些交错复杂问题，在实践中逐步地进入主动学习的阶段。

教育的责任是使人从"作为"（to do）变"成为"（to be）。而"职业教育"就更看重具备这种"真能力"的人。

"科技创新"日益成为"商业模式"创新的催化剂。"企业"的战略必须由国家战略指引，而国家战略必受制于人类社会发展的现状。其实真正的企业家内心关注的不只是"利"，而是用户潜在的需求。而潜在的需求是调查不出来的，是需要"设计"引导出来的，这就是"设计"之"本"的意义和作用！从生活中挖掘生存的"原型"，研究其抽象意义。我们的教育模式被允许探索，却不应苟同浮躁现实，应坚持用灵魂深处的责任、热情，以崭新的平台构筑中国的教育观念、理论、机制，建设"产业创新"的分享型服务生态系统，净化、凝练及升华中国工业之路，以助力中华民族复兴的梦想。

中国厨柜行业自从1992年起步，发展到今天已整整25个春秋，按大学生的年龄刚好大学硕士毕业了，然而整个厨柜行业却没有一套完整的、标准的和权威的专业教材。为了填补国内外厨柜行业的这一空白和开辟历史先河，迎合相关教育和行业企业的实际需求，让国内甚至海外厨柜相关教育机构和企业人才培训有标准的、完整的、系统的教材用于参照与学习，由中国五金制品协会整体厨房分会牵头，由厦门南洋学院、中南林业科技大学、南京林业大学、宁波职业技术学院等高校和厦门金牌厨柜股份有限公司等厨柜知名企业以及厨柜资深人士共同编写这套厨柜专业基础教材。经过编写组部分成员前期积极努力和精心准备，成立了"中国厨柜专业基础教材编写委员会"，着手"中国厨柜专业基础教材系列丛书"的编写。这套教材系列丛书包括了《厨柜材料》《厨柜设计》《厨柜制造》《厨柜营销》《厨柜安装》共5册。本套教材主要为高校教学、职业教育培训及企业职工培训所编写，出版后的教材也将用于国家职业教育、高校教学、职业培训、各个企业的职工培训等，从而促进行业进步和发展。

理想如海，担当作舟，方知海之宽阔；理想如山，使命为径，循径登山，方知山之高大！

祝愿这套丛书能成为我国厨柜界栋梁之材的"梧桐树"，能栖息更多"青出于蓝而胜于蓝"的厨柜行业精英和品牌企业。

柳冠中

2017年6月28日于北京

序 二

　　厨柜,是一个广义的大概念,又称"厨房家具""整体厨房""集成厨房""整体厨柜"等,国家标准《家用厨房设备》(GB/T 18884)将"家用厨房设备"(household kitchen)定义为:家庭中进行炊事、餐饮、起居等一种或多种活动所配置的操作平台、厨柜、功能五金件及相关家用厨房器具的统称。

　　厨柜行业起源于欧洲,1816年,英国布朗夫人首次提出了"整体厨柜"的概念;20世纪20年代,德国部分厨柜品牌企业诞生,整体厨柜理念在欧洲形成;而现代厨柜则是20世纪50年代以德国和意大利为代表在欧洲正式兴起的。

　　中国厨柜行业起步于20世纪90年代初期,随着经济建设的快速发展、改革开放的不断深入和房地产业的快速发展,东西方厨卫文化得到了充分交流和传播。随后,我国引进了以设计为先的全新材料、全新造型和全新理念,拉开了中国厨柜行业的大幕,从此中国厨柜行业正式起步并逐渐兴起;20世纪末发展更是迅猛;进入21世纪,中国厨柜行业的整体理念迅速普及并进入理性发展轨道。随着市场经济和城市化进程的不断发展,特别是房地产业的蓬勃发展,厨柜逐渐形成了庞大的产业市场,并成为我国的朝阳行业。作为现代家居的一个重要元素,厨柜满足了人们追求舒适、轻松的厨房生活的要求,使得厨房演变成了一种情感空间,一种与人们居家生活息息相关的生活文化。社会上形成了"小康不小康,关键看两房(厨房和卫生间)"及"穷比厅堂,富比厨房"的观念和现象。

　　中国厨柜行业在二十几年里,经历了蹒跚起步、迅速兴起、蓬勃发展到稳步增长的几个重大里程,逐渐成为独特的行业,其特性可概括为如下4点:

　　第一,厨柜是复合型行业,包括劳动、服务、管理、信息、设计创意等工作类型,行业归属家具、建材、装修工程、建筑部品、五金制品等。

　　第二,厨柜是低关注度、高专业度行业,表现为品牌集中度低,客户关注点多,客户价值创造要求高。

　　第三,厨柜行业有三重属性,即家居属性、定制属性和集成属性。厨柜材料的应用、设计、表现风格、使用环境和功能隶属于家居属性；厨柜是典型的按客户要求进行大规模定制、个性化设计和实现敏捷制造的定制化产品；厨柜又是厨柜、厨房器具、厨房电器、功能五金配件等一体化的集成化产品。

第四，厨柜行业的本质就是一种"个性化定制产品和服务"，是基于标准化的工业化和信息化制造以及个性化设计和服务的产业。

厨柜行业属于工业制造业的一个新兴门类，当今世界的工业制造业正进入一个大调整、大创新、大升级和大竞争的新时代。从美国推进以新兴产业为主体的"再工业化战略"，到德国提出的"工业4.0"计划和战略，再到中国提出《中国制造2025》计划，都预示着世界第四次工业革命即将到来。中国明确要在世界第四次工业革命中打造世界制造业强国地位。为实现制造强国的战略目标，我国在《中国制造2025》的指导思想中就提出：要完善多层次多类型人才培养体系；要坚持把人才作为建设制造强国的根本，建立健全科学合理的选人、用人、育人机制；要加快培养制造业发展急需的专业技术人才、经营管理人才、技能人才；要建设一支素质优良、结构合理的制造业人才队伍，走人才引领的发展道路。那么，人才从哪里来？只能从我们的人才培养体系中来，包括从职业教育和技能培训体系向制造业的各个行业、企业不断输送优质的各种层次、各种类型、各种专业、各种岗位的人才，在各个职业技术院校和应用型本科、社会培训机构和企业自身培训机构进行人才的教育培训，运用职业教育和技能培训所配套的各种学科、系统的专业教材、学习资料和校企合作的实验实训基地中，对员工的专业技术和管理水平进行提升。

基于厨柜行业和产业独有的特性，尽管经历了20多年的迅猛发展和变化，厨柜行业始终存在一大痛点和短板，那就是人才培育体系和人才队伍建设不力的问题！欧洲现代厨柜行业发展至今已近80年，香港和台湾是较早引进欧式厨房且对其进行改进的亚洲地区之一，然而整个国内外厨柜行业却没有一套完整的、系统的、标准的和权威的厨柜专业基础教材，企业对员工的培训资料也是各自为政，大多采用企业内部的内训资料，导致行业企业培训资料没有统一性和科学严谨性，甚至有的企业还在采用师传或口口相传的方法对员工进行厨柜知识的培训。

21世纪以来，厨柜产业的迅速发展，一方面使行业深感企业专业人才的奇缺，急需高等院校将学习厨柜专业的大中专毕业生源源不断地"输血"给企业，另一方面高等院校的办学此时正好走到要为社会和行业企业服务，就得加强与行业企业合作，走校企合作道路的迫切时刻。正是出于校企双方共同的利益需要，经福建省、厦门市厨柜业商会的提议和牵线，于2011年6月，由福建省和厦门市厨柜业商会与厦门南洋学院共同发起，成立了"厦门南洋学院厨柜学院"，这是中国第一所，也是全国唯一开办厨柜专业的高等院校。厨柜学院虽诞生了，但在教学中没有厨柜专业的教材，专业课都在东拼西凑地拿其他相关专业的教材里的相关内容或用临时编写的培训手册应付。要想办好厨柜学院，培养厨柜专业的学生，没有一套科学的和系统的专业教材怎么能行？

为了解决厨柜学院教与学的燃眉之急，也为了满足近年来厨柜行业企业内部越来越迫切对培训员工规范教材的需要，更为了填补国内外厨柜行业的这一历史空白，最早于2015年1月15日，由厦门南洋学院厨柜学院和福建省、厦门市厨柜业商会提议，由福建省、厦门市厨柜业商会，厦门南洋学院，厦门金牌厨柜股份有限公司，厦门好兆头厨柜股份有限公司等企事业单位参与，共同召开了第一次关于编写中国厨柜行业核心教材的会议，成立了"厨柜专业核心课教材编写委员会"，决定着手编写中国厨柜行业核心教材。初期确定教材名目为《橱柜学概论》《橱柜设计》《橱柜材料及供应链》《橱柜生产制造与检测实验》《橱柜定制营销》《橱柜企业管理》《橱柜安装与售后服务》7本。

经过一段时间的实际操作，发现以厦门区域力量来编写这套行业专业教材有一定的局限性和难度。这个全行业的大事需要由全国的行业协会来主持，动用全国全行业的资源和力量来完成这一重大历史使命更合适且更有权威性。经过一段时间的准备，于2015年7月7日在杭州召开了"中国厨柜专业基础教材"编写工作正式启动会议，正式成立了"中国厨柜专业基础教材编写委员会"并确定了每本教材的编者分工以及编写、出版工作计划，使这一中国厨柜行业大事正式展开工作。之后，又经过一年多的资料收集整理和初步编纂工作，为了适应新形势和新任务，于2017年3月16日在厦门召开了"中国厨柜专业基础教材"编纂工作研讨会议，对原工作计划重新规划，调整这套教材的原有结构，删去《橱柜学概论》和《橱柜企业管理》两本书。《橱柜学概论》和《橱柜企业管理》两本书的内容将分散到其他本教材中去，并按国家标准术语规范书的名目和内容，将原"橱柜"更改为"厨柜"，合并梳理成《厨柜设计》《厨柜制造》《厨柜材料》《厨柜营销》《厨柜安装》这5本教材。同时对作者进行重组和调整，聘请由大专院校教授、讲师和行业专家或企业专业精英组成的两人组合为新任主编，这样既保证了教材内容的质量，又大大提高了编纂效率。如此，在前期资料收集整理的基础上，用短短半年的时间就已经完成全部5本教材的正式编纂稿，并于2017年7月4日在厦门召开了"中国厨柜专业基础教材"编纂审查会，评审专家高度认可全套教材的编纂工作并提出了非常中肯的完善意见，一致通过了5本教材全部结构和内容的终稿审查。7月中旬经作者调整后交厦门大学出版社进行校稿排版和印刷。

"日分一丈地和天，万物终于展世间！"这套系统的专业基础教材填补了国内外行业和教育界的空白，该套系统的、专业的、标准的教材可以称为中国乃至世界第一部厨柜行业甚至家居行业的"厨柜专业基础教材"。

这套专业教材的问世对厨柜专业教育和厨柜行业企业的意义体现在：

（1）为相关专业院校开展教学实践活动提供了基本的办学条件。

（2）为培养出对厨柜专业有系统认知的学生提供了保障，使学生通过专门的教材学习，对本专业知识有了系统全面的了解和掌握，让学生能够更好地为厨柜企业服务。

（3）让社会厨柜行业的培训机构有章可循、有理论可依，让社会对厨柜有更系统和深刻的了解。

（4）全行业可以这套教材为母本，各企业可结合本单位实际，将其提炼成为企业的培训资料，为企业培养出合格的员工和进行人才梯队建设。

（5）可提高厨柜行业在社会中的认知度和关注度，以更好地规范厨柜市场，促进厨柜市场的良性发展。

总之，这套教材无论是对厨柜教育还是对厨柜行业企业的发展，都是意义重大的事件。

"骏马奔腾前程远，雄鹰翱翔天地宽。"希望这套"中国厨柜专业基础教材系列丛书"的出版发行和使用，能为中国厨柜行业的蓬勃发展加力添翼，助推中国厨柜行业从"中国制造"到"中国质造"，再到"中国智造"的发展和腾飞；为中国厨柜迈出国门、走向世界、享誉国际助一臂之力；为实现中华民族伟大复兴的中国梦奉献行业的一份微薄之力！

潘孝贞

中国五金制品协会整体厨房分会　会长

厦门金牌厨柜股份有限公司　总裁

2017 年 7 月 28 日于厦门

前　言

　　厨柜营销的本质是一种定制营销，它是厨柜企业赖以生存和发展的生命线。"以销售引导设计、以销售确定产量"已成为厨柜企业长期坚守的企业经营基本理念。因此，厨柜营销在厨柜行业和企业的整体运营中，占有至关重要的地位。

　　为了给厨柜专业学生提供学习专业知识和技能的教材，提升厨柜行业营销商和营销人员的专业知识、营销技能和综合素质水平，本编写组特编写该《厨柜营销》教材，以便让全国高校学习厨柜专业的学生有专业教材可用，让厨柜行业的营销商和厨柜营销人员在自学、培训、考核和作业中有书可求证、有标准可遵循。

　　当今中国正面临产业升级换代、由制造大国向制造强国迈进的时期。厨柜行业也不例外，也正面临行业极速扩张，企业须不断通过产品升级换代和不断整合销售渠道，提振销售能力，以及提高企业核心竞争能力的时期。在这个时期，厨柜品牌的竞争归根结底是销售渠道和终端营销能力的竞争。厨柜消费者主体需求的变化和提高，使得厨柜企业必须从一般产品开发过渡到更具情感意识的产品开发，这是市场需求侧与供给侧关系变化和竞争的必然结果。它在一定程度上给厨柜企业提出了更高的要求，带来了更大的挑战。厨柜企业必须把市场营销的重心放到终端渠道的服务上，强化对区域代理商、门店经理和厨柜营销人员的综合素质和营销能力的培养。它包括：

　　第一，提升区域代理商对客户的营销服务能力，即区域代理商要经常到门店去对经销商进行实际的指导，经常性地开展对门店经理人员的培训，通过各种销售行为或活动，直接促进门店经销商服务能力的提升。

　　第二，门店经销商要制定《终端服务手册》，包括门店产品推荐、产品的布置、终端活动的规划、团购联盟的做法、产品的保养和售后服务等。同时，更要注意对本门店的营销工作人员进行业务培训和实际营销指导，使他们熟练掌握《终端服务手册》所规定的操作规程和内容，胜任并做好本职工作。

　　第三，时代需要大批高素质、高技能的厨柜营销师，并由他们来解读"不断升级的消费者"的新理念、新需求，从而引导厨柜设计和厨柜生产。这是一条厨柜行业企业不断升级换代发展的特殊路径。要想使这条特殊路径得以延续和不断迸发出新的动力，就得高度重视和不断培养、造就大批高技能、高素质的厨柜营销师，让他们承担起引领厨柜行业企业产品升级换代的重担，承载起传承厨柜行业企业经营理念及其文化的重任。这就是说，在当今的厨柜市场营销中，要求厨柜区域代理商、门店经理、门店营销员，以及其他相关销售主体都需要随着消费市场和消费主体的变化而不断提高自身的基本素质和技能。

正是为了适应这一时代需要，编写组编写了本教材，以便规范整个行业企业的营销行为，教授在校学习并将进入厨柜行业从业的大专学生，以及培训从事厨柜营销工作的各类主体，并通过这种规范、教授或培训，组建起强大的厨柜营销队伍，为企业的可持续发展不断注入高素质、高能力的营销管理人员和销售人员。

本教材的编写，在运用市场学、消费心理学、市场营销学、家居文化学、管理学等学科知识的基础上，吸取了厨柜行业多家先进企业营销的成功经验，努力在课程的规划、章节的设置和内容的可读性上有所创新，力求做到把厨柜营销中的理论指导和实际操作融为一体，突出其科学性、实用性和可读性特点。

本教材主要作为大专院校厨柜专业学生学习专业课程的教学用书，同时也可作为厨柜企业营销从业人员的培训或自学教材。

本教材由厦门南洋学院、厦门金牌厨柜股份有限公司合作编写。由中国五金制品协会整体厨房分会、厦门好兆头厨柜股份有限公司、厦门尚宇环保股份有限公司、成都百威凯诚科技有限公司、百隆家具配件（上海）有限公司、海蒂诗五金配件（上海）有限公司、上海欧卡罗家居有限公司、福建钢泓金属科技股份有限公司、杭州丽博橱柜有限公司、宁波柏厨集成厨房有限公司、宁波欧琳厨具有限公司、广东东泰五金精密制造有限公司、广东皮阿诺科学艺术家居股份有限公司、佛山市顺德区悍高五金制品有限公司、中山市晟泰金属制品有限公司、博西家用电器（中国）有限公司、山东欧普科贸有限公司等提供协助。

本教材由李建清（厦门南洋学院经济管理学院工商企业管理教研室主任、高级创业指导师、硕士生）和傅琳浩（厦门金牌厨柜股份有限公司营销主管）担任主编。本教材的大纲拟定、文字统稿由李建清负责，"中国厨柜专业基础教材编委会"副主任赵汗青、张东宏负责最后审稿、定稿。

在编写过程中，厦门金牌厨柜股份有限公司总裁潘孝贞、厦门南洋学院董事长鲁加升、厦门南洋学院校长王豫生、厦门南洋学院副校长张东宏、中国五金制品协会整体厨房分会执行秘书长赵汗青、厦门好兆头厨柜股份有限公司董事长陈加栋、厦门定制家居协会秘书长刘瑞梅、厦门金牌厨柜股份有限公司人力资源总监李春等领导，对教材的编写思路、编写内容等提出了大量宝贵意见并提供大力协助，编写组成员还借鉴、吸收了国内外专家和学者的大量研究成果，在此一并表示感谢。

编写组成员从 2015 年 7 月接受编写任务开始，历经"第一次厦门'福建省、厦门市橱柜业商会秘书处'会议""第二次杭州正式启动会议""第三次厦门初稿讨论会议""第四次宁波讨论会议""第五次厦门三稿审稿会议""第六次厦门成稿研讨会议"和"第七次厦门审查汇报会"。按照"中国厨柜专业基础教材编委会"的要求，对教材从大纲、章节，到内容、文字和图片，都经过反复研究、推敲、修改、补充和完善，历时两年，付出了很多心血，终于使本教材完稿。

这是中国厨柜行业乃至国际厨柜行业的第一本厨柜营销专业教材，我们这些"第一个吃螃蟹的人"只能"摸着石头过河"。由于我们自身的理论和实践水平有限，编写的教材难免存在错误和疏漏，希望使用本书的师生及读者批评指正，以便适时修订。

《厨柜营销》编写组

2017 年 7 月 21 日

目 录

第一章　厨柜营销的定义　　/ 1
　第一节　厨柜企业营销环境　　/ 1
　一、厨柜市场营销环境概述　　/ 1
　二、厨柜市场调研问卷　　/ 7
　第二节　厨柜市场细分　　/ 13
　一、厨柜市场细分　　/ 13
　二、厨柜市场细分的原则　　/ 16
　三、厨柜市场细分的程序和方法　　/ 17
　第三节　厨柜目标市场选择　　/ 19
　一、厨柜目标市场选择　　/ 19
　二、厨柜目标市场策略　　/ 20
　三、厨柜目标市场策略的选择　　/ 22
　第四节　厨柜市场定位　　/ 24
　一、厨柜市场定位的概念和定位原则　　/ 24
　二、厨柜市场定位的步骤　　/ 25
　三、厨柜市场定位的策略　　/ 26
　本章小结　　/ 28

第二章　厨柜消费者市场分析　　/ 29
　第一节　厨柜消费者市场特征及购买行为模式　　/ 29
　一、厨柜消费市场特征　　/ 29
　二、厨柜消费者购买行为模式　　/ 30
　第二节　影响厨柜消费者购买行为的主要因素　　/ 32
　一、内外部因素　　/ 32
　二、文化因素　　/ 33
　三、社会因素　　/ 34
　四、个人因素　　/ 35
　五、心理因素　　/ 36
　六、认　知　　/ 37
　七、学　习　　/ 43
　八、信念和态度　　/ 43

第三节　厨柜消费者购买决策过程　/ 44

一、厨柜消费者参与购买的主要角色　/ 44

二、厨柜消费者购买行为类型　/ 45

三、厨柜消费者购买决策过程　/ 46

本章小结　/ 49

第三章　厨柜定制营销　/ 50

第一节　厨柜定制营销介绍　/ 50

一、厨柜定制营销的概念　/ 50

二、厨柜定制营销的形式　/ 51

三、厨柜定制营销竞争优劣势分析　/ 52

第二节　厨柜市场如何实行定制营销　/ 53

一、目标市场营销难以满足个性化需求　/ 53

二、厨柜定制营销的效益　/ 54

三、厨柜定制营销形成途径　/ 55

四、厨柜市场定制营销　/ 57

五、如何实行厨柜市场定制营销　/ 59

本章小结　/ 60

第四章　厨柜门店营销的策略　/ 62

第一节　厨柜产品整体分析　/ 62

一、厨柜产品整体概念　/ 62

二、厨柜产品组合策略　/ 63

三、厨柜产品差异化策略　/ 65

四、厨柜产品生命周期各阶段的特点及营销策略　/ 66

第二节　厨柜产品开发　/ 70

一、新产品概念　/ 70

二、新厨柜产品的开发程序　/ 71

第三节　厨柜品牌策略　/ 73

一、厨柜品牌的概念　/ 73

二、厨柜品牌的特征　/ 74

三、厨柜品牌决策　/ 75

第四节　厨柜产品定价　/ 78

一、成本因素　/ 78

二、需求因素　/ 79

三、竞争因素　/ 80

四、心理因素　/ 80

五、政策法规因素　/ 81

六、其他因素　/ 81

第五节　厨柜定价目标　　/ 81

一、以获取利润为定价目标　　/ 82

二、以争取产品质量领先为定价目标　　/ 82

三、以提高市场占有率为定价目标　　/ 82

四、以应付和防止竞争为定价目标　　/ 83

五、以维持生存为定价目标　　/ 83

第六节　厨柜定价的基本策略　　/ 83

一、新厨柜定价策略　　/ 84

二、厨柜产品组合定价策略　　/ 85

三、地理定价策略　　/ 87

四、心理定价策略　　/ 87

五、折扣与让利定价策略　　/ 88

六、价格调整策略　　/ 89

本章小结　　/ 91

第五章　厨柜促销　　/ 93

第一节　厨柜促销概论　　/ 93

一、促销的含义　　/ 93

二、厨柜促销包含的要素　　/ 94

第二节　厨柜促销的常用工具与形式　　/ 100

一、常用促销工具　　/ 101

二、常用促销形式　　/ 102

三、促销的组合　　/ 103

第三节　厨柜促销流程与节点管理　　/ 103

一、厨柜促销策划　　/ 104

二、厨柜促销的推广　　/ 106

三、厨柜促销的执行　　/ 106

四、厨柜促销评估　　/ 109

第四节　厨柜促销的创新　　/ 109

一、促销主题创新　　/ 110

二、促销方式创新　　/ 110

三、促销内容创新　　/ 115

四、促销终端布置创新　　/ 118

本章小结　　/ 119

第六章　厨柜的服务营销　　/ 120

第一节　服务营销的概念及特点　　/ 120

一、服务的内涵　　/ 120

二、服务的特征　　/ 121

三、服务的分类　　/ 122

四、不同类型的服务在营销上的差异　　/ 123

五、服务营销的概念及特点　　/ 124

第二节　服务营销组合　　/ 125

一、服务营销组合的内涵及要素　　/ 125

二、服务营销系统　　/ 127

第三节　服务有形展示　　/ 128

一、有形展示的概念　　/ 129

二、有形展示的类型　　/ 129

三、有形展示的作用　　/ 131

四、有形展示的设计　　/ 132

第四节　服务质量　　/ 135

一、服务质量的含义　　/ 136

二、服务质量差距管理　　/ 138

本章小结　　/ 139

第七章　厨柜销售主体的素质和技能　　/ 140

第一节　区域代理商的素质和技能要求　　/ 140

一、区域代理商的市场分析　　/ 140

二、区域代理商准入的基本条件（参考行业）　　/ 141

三、厨柜区域代理商经营活动的开展　　/ 141

第二节　专卖店经理的素质和技能要求　　/ 142

一、专卖店经理的职业素养　　/ 143

二、组织架构与人员配置　　/ 146

三、专卖店经理的一天——单店运营工作流程　　/ 148

四、展厅人事管理　　/ 152

五、人员培训管理　　/ 153

六、展厅形象管理　　/ 154

七、展厅客户售后服务管理　　/ 155

八、促销管理　　/ 157

九、展厅情报管理　　/ 158

第三节　专卖店营销员的素质和技能要求　　/ 159

一、专卖店营销员的基本素质　　/ 159

二、专卖店营销员的基本技能　　/ 160

三、专卖店营销员的销售技巧　　/ 163

本章小结　　/ 164

第八章　厨柜的工程营销　　/ 165

第一节　厨柜工程营销的定义　　/ 165

一、厨柜工程营销的定义 / 165

二、厨柜工程营销与零售的对比 / 165

第二节　厨柜工程营销的要素 / 166

一、品牌是进入客户采购目录的敲门砖 / 166

二、良好的客户关系是打败竞争对手的一把无形利器 / 167

三、成本控制并非最低价 / 167

四、团队是营销的保障 / 167

五、产品是营销的基础 / 167

第三节　厨柜工程营销的流程 / 167

一、项目确认 / 168

二、项目跟进 / 170

三、项目执行 / 172

本章小结 / 173

后　记 / 174

第一章　厨柜营销的定义

第一节　厨柜企业营销环境

学习目标

会清晰的分析市场营销环境,根据企业所在营销环境的特点选择适合自身的发展道路。

【重点】

1. 厨柜市场营销环境的概念
2. 厨柜市场营销环境调研
3. 厨柜营销组合调研

【难点】

厨柜市场分析与市场调研

任务讲解

　　企业必须随环境的变化而不断改变自己。也就是说,企业应该像生态系统中的有机体一样,随环境的变迁而做出与之相适应的反应行为,即制定出适应市场营销环境变化的市场营销战略。

一、厨柜市场营销环境概述

(一)市场营销环境

　　现代市场营销学非常重视对市场营销环境的研究,因为任何企业的市场营销活动都不是在真空中进行,而是要受到各种市场营销环境的影响。企业的市场营销战略计划或是适应市场营销环境，使企业的市场营销活动能正常、迅速地展开；或是不适应其环境的要求，遭到挫折或失败。正如组织的环境适应理论所说的，企业必须随环境的变化而不断改变自己。也就是说，企业应该像生态系统中的有机体一样，随环境的变迁而做出与之相适应的反应行为，即制定出适应市场营销环境变化的市场营销战略。

美国市场营销学家菲利普·科特勒对其做了如下定义："企业的市场营销环境是由企业市场营销管理职能以外的因素和力量组成的，这些因素和力量影响市场营销管理者成功地保持和发展同其目标顾客交换的能力。"从科特勒的定义和企业的市场营销实践来看，企业能否获得市场营销活动的成功，不仅受制于企业外部因素，还要受到企业内部因素的影响。因此，简单而言，所谓市场营销环境，就是指一切影响和制约企业市场营销决策和实施的内部条件和外部环境的总和。

市场营销环境首先可以分为：宏观环境和微观环境，或者分为宏观环境、作业环境、企业内环境。宏观环境的要素包含：人口、社会文化、经济、政治法律、技术、自然等。其中，人口又有年龄、性别、职业、受教育程度、收入水平等分别。市场营销环境对市场营销活动的影响多种多样。

（二）厨柜宏观环境调研

宏观环境是指对企业生产经营有巨大影响的社会力量，包括政治、法律、经济、社会、文化、技术、人文、自然等多方面因素（如下图1-1）。

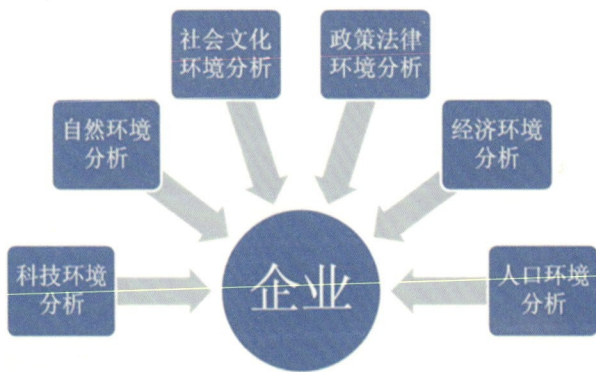

图1-1　典型研究模型

1. 政治法律环境

主要调研国家的政治主张、政治形势及变化情况；掌握国家关于产业发展、财政、金融、税收、外贸等方面最新颁布的政策、方针、规划等纲领性文件（如《国家十一五发展规划》）；了解国家法律、法规、条例的变化情况等。

2. 经济环境

主要调研国家或地区的国内生产总值（GDP）、产业发展状况、经济增长率、通货膨胀率、就业率、税率、利率、汇率，以及社会的收入分配、购买力水平、储蓄、债务、信贷等，以掌握国家在一定时期内的经济政策、体制及形势。

3. 社会文化环境

主要调研整个社会的核心价值观念、风俗习惯、宗教信仰、伦理道德及亚文化；了解人们的价值观、生活方式、文化素养；掌握某消费群体的构成及其购买动机、购买行为、购买心理等。

4. 科技环境

主要调研企业所涉及的技术领域的发展情况、产品技术质量检验指标和技术标准等；了解新技术、新材料、新工艺、新产品的研发及问世情况；关注国家科研技术发展的方针政策及规划等。

5. 人口环境

市场是由人口构成的，因此，需要对人口的增长情况、年龄结构、民族市场、家庭类型、受教育程度、人口地理迁移等方面进行调研。

6. 自然环境

主要调研企业所处的地理位置、气候、资源、生态等自然情况，以及资源短缺、能源成本增加和污染程度增加等生态状况。一切组织、团体或企业均处在上述环境之中，亦不可避免地受其影响及制约。因此，市场营销策划者应通过分析宏观环境的现状及发展趋势，预测其对企业营销活动可能产生的影响，抓住机会、避开威胁。

（三）厨柜行业及竞争者调研

行业是企业最直接的外部环境，因此企业要对行业的整体水平及竞争状况有一定程度的了解。竞争者调研首先必须弄清谁是竞争者、竞争范围、规模实力、竞争手段和激烈程度等。一般要调研以下一些内容：竞争者属性，即属哪类竞争因素；竞争企业各类产品销售各地域所占的比例；顾客的评价；产品特性和产品竞争力以及与本公司的优劣情况；各地域的销售网点数和销售额；交易条件及其变化；对销售网点的援助和指导情况；广告、宣传的方法、频率、投入金额和渗透程度等；人员推销的方法和推销活动的特性；营业推广的方法；营业人员的数量及素质；售后服务的方法及质量。

一般来说，常用波特"五力"模型对行业及竞争者进行分析，"五力"指现有竞争者、潜在进入者、替代品、购买者、供应商五种竞争力。

1. 现有竞争者的竞争强度调研

考察现有竞争者的竞争强度应考虑从以下几个方面进行调研：

（1）行业成长率高低。若较高，则市场竞争激烈。

（2）退出壁垒高低。若较低，则竞争激烈。

（3）竞争对手的数量和规模。若数量较多、实力较强，则竞争激烈。

（4）转换成本高低。若较高，则竞争激烈。

（5）差异化程度。若较低，则竞争激烈。

（6）行业是否具有高额的战略利益性。若具有，则竞争激烈。

2. 进入威胁调研

考察进入威胁应考虑从以下几方面进行调研：

（1）行业内是否形成规模经济。若未形成，则进入威胁大。

（2）行业内是否具有成本优势。若不具有，则进入威胁大。

（3）行业内产品差异化程度。若差异化程度低，则进入威胁大。

（4）行业内资金密集程度。若不属于资本密集型，则进入威胁大。

（5）行业内转换成本高低。若较低，则进入威胁大。

（6）新竞争者是否拥有独特的分销渠道。若拥有，则进入威胁大。

3. 替代威胁调研

（1）替代品的性价比高低。若较高，则替代品的威胁大。

（2）替代品是否来自高盈利产业。若是，则替代品的威胁大。

4. 购买者的价格谈判能力调研

考察购买者的价格谈判能力应考虑从以下几方面进行调研：

（1）是否为集中或大批量购买。若是，则其价格谈判能力强。

（2）所购买产品占成本的比例大小。若比例较大，则其价格谈判能力强。

（3）所购买产品是标准化还是差异化产品。若为标准化产品，则其价格谈判能力强。

（4）购买者的转换成本高低。若转换成本低，则其价格谈判能力强。

（5）购买者的盈利高低。若购买者盈利低，则其价格谈判能力强。

5. 供应商的价格谈判能力调研

考察供应商的价格谈判能力应考虑从以下几方面进行调研：

（1）供应商集中化程度。若较高，则其价格谈判能力强。

（2）供应商被替代程度。若较低，则其价格谈判能力强。

（3）是否为供应商的主要客户。若非主要客户，则供应商的价格谈判能力强。

（4）供应商所提供产品对行业的重要程度。若重要，则其价格谈判能力强。

（5）供应商所提供产品的差异化程度。若较高，则其价格谈判能力强。

（6）供应商的前向一体化能力。若较高，则其价格谈判能力强。

（四）厨柜市场供求与消费现状调研

市场是企业生存和发展的出发点和归宿点，因此企业要对市场的供求现状进行调研，掌握市场特性、市场规模、企业产品的需求总量、消费者的需求状况以及整个市场的供应能力等方面情况，使企业能更有效地满足消费市场需求。市场供求的调研内容有：市场特性；市场规模及供求状况，包括现实需求和潜在需求；可能销量的预测；市场动向和发展性；市场对产品销售的接受程度和抵抗程度；市场增长率；本公司及其产品的市场占有率；本公司最大竞争对手的市场占有率。

消费者情况调研指掌握消费者的需求结构及消费行为，明确消费者对同类产品不同规格、不同款式等的需求状况，了解消费者的购买心理、购买动机、购买模式及购买习惯等，分析影响购买决策的主要因素。调研内容包括：消费者结构、分布；消费者需求的特点、数量和种类；消费者的购买动机和购买习惯，要求了解消费者的动机，分析购物及产品比较的动机等；消费者的购买能力和购买行为，了解消费者的态度，发现消费者对店铺、产品、品牌的态度，弄清消费者的不满，分析态度的相对强度，分析消费者对店铺方便性的态度、决定购买频率、测定对产品的忠诚度等。

（五）厨柜企业内部调研

任何营销策划必须与企业总体战略一致，并充分培育和发挥其核心竞争力，从而有利于在激烈的市场竞争中取胜。通过对企业发展战略及使命、内部资源、业务组合及相互关系、既往业绩与成功关键要素等的分析，掌握企业自身存在的优势与劣势。

1. 企业发展战略及使命

明确企业三个层次战略（公司战略、业务单位战略、职能战略）各自的发展方向，掌握公司的组织、权力结构、业务分布与经营状况；同时掌握公司使命，清楚终极目标、公司远景、主体业务以及为顾客和利益团体创造价值的方式。

2. 企业内部资源

包括人力资源（即领导风格与能力、企业人员供求状况、员工能力与素质、企业招聘与培训机制、企业文化等）；物力资源（即企业的原材料、零部件、设备、服务及其有效利用情况）；财力资源（即企业的财务状况、流动资金数量以及用于营销方面的资金状况、企业资本运营能力等）；信息情报资源（即市场情报、竞争对手的资源、营销组合策略及战略的获取能力）等。

3. 企业业务组合及相互关系

掌握公司现有业务情况，并判断每项业务所属类型，即属于问题类（相对市场占有率低、业务增长率高）、明星类（相对市场占有率高、业务增长率高）、金牛类（相对市场占有率高、业务增长率低）或瘦狗类（相对市场占有率低、业务增长率低），针对每一类业务或产品在企业发展的不同时期有不同的策略，企业要根据公司情况与市场竞争情况进行资源优化分配，以实现企业竞争战略目标。

4. 既往业绩与成功关键要素

明确企业销售额、利润的同比增长情况，清楚哪些战略及策略是行之有效的，研究企业取得成功的关键之道等，这些都能体现企业自身发展的优势及劣势。

5. SWOT 分析

SWOT（Strengths Weaknesses Opportunities Threats）分析法，又称态势分析法或优劣势分析法，用来确定企业自身的竞争优势（strength）、竞争劣势（weakness）、机会（opportunity）和威胁（threat），从而将公司的战略与公司内部资源、外部环境有机地结合起来。EMBA、MBA 等主流商管教育均将 SWOT 分析法（如图 1-2）作为一种常用的战略规划工具。

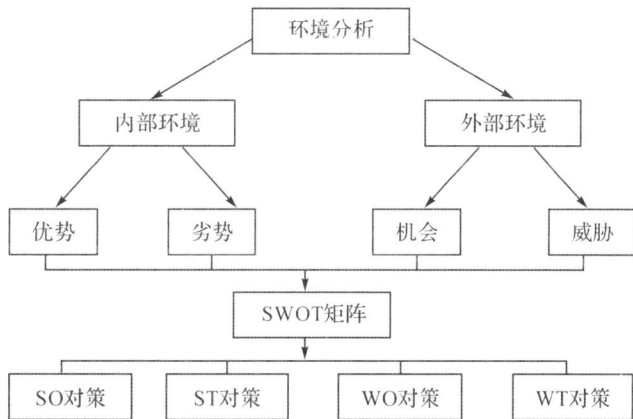

图 1-2　SWOT 分析法

运用 SWOT 分析可以对研究对象所处的情景进行全面、系统、准确的研究，从而根据研究结果制定相应的发展战略、计划以及对策等。

（六）厨柜营销组合调研

营销的核心即为 4P，因此进行营销调研策划应从营销组合入手，掌握产品、价格水平、销售渠道、广告及促销的情况，以便更好地了解产品的优势及劣势。

1. 产品调研

（1）产品使用者的特征和需求。

（2）潜在购买者的态度和偏好。

（3）各产品的行情好坏及其原因。

（4）产品的顾客层。

（5）产品组合及其占有率、利润率、销售贡献率。

（6）产品或品牌的知名度和忠诚度。

（7）对各产品的购买动机。

（8）产品顾客满意度。

（9）不同产品的购买习惯及变化。

（10）新产品的机会。

（11）新产品的开发和试销。

（12）包装和标签的试销。

（13）消费者对现有产品的态度和修正。

2. 价格调研

（1）价格设定。

（2）折扣策略的制定。

（3）按价格划分市场。

3. 分销渠道调研

厂家宣传、网络、朋友介绍是消费者了解厨柜产品的三大渠道。同时广告宣传和家居卖场等营销推荐也起到较大的作用，占比均接近 30%。

（1）店铺的地址选择。

（2）分销渠道的选择。

（3）分销渠道的变更。

（4）代理商（批发商）的了解和选择。

（5）零售商的了解和选择。

（6）物流与配送调研，包括流通中心的计划和选址、最佳运输路线的选择、经济订货量的确定等。

4. 促销调研

（1）推销人员的地域分配。

（2）推销策略的决定。

（3）推销人员管理情况。

（4）广告媒体的选择、广告策略、广告效果及费用等。

（5）营业推广策略的选定。

（6）公共关系时机的选择和策略的决定等。

表 1-1　厨柜市场调研的主要内容

宏观环境	政治 / 法律环境
	经济环境
	社会 / 文化环境
	技术环境
	人文环境
	自然环境
行业及竞争者状况	现有竞争者 / 竞争强度
	进入威胁
	替代威胁
	购买者的价格谈判能力
	供应商的价格谈判能力
市场现状	市场需求
	市场供给
企业内部	企业发展战略及使命
	企业内部资源，即人力、物力、财力、信息资源等
	企业业务组合及相互关系
	既往业绩与成功关键要素 SWOT 分析
营销组合	产品研究
	价格研究
	渠道研究
	促销研究

厨柜市场调研的主要内容见上表 1-1。

二、厨柜市场调研问卷

（一）厨柜调查问卷的结构

1.结构

（1）标题。能够突出问卷的调查主题及目的，使被调查者对所要回答问题的主要方向一目了然。

（2）问候语与填表说明。问候语的设计应语气亲切、诚恳、有礼貌，内容交代清楚，使被调查者消除疑虑，参与调研；填表说明旨在帮助被调查者规范回答问题的方法，可以集中放在正文前面也可分散到相关问题中，视具体情况而定。

（3）正文。即包括所要调查问题的全部，主要由问题、答案及指导语构成。

（4）被访问者背景资料。包括性别、年龄、民族、文化程度、收入、婚姻、家庭类型、职业、职务、单位、联系方式等，目的是进行资料统计与分析时能够对消费者的特征有更好的把握。

（5）调研人员资料及问卷编号。为便于查询、核实、奖励及明确责任，问卷须包含调研人员的姓名，实施调研的时间、地点，相关信息及问卷编号。

（6）结束语。亦称致谢语，置于整篇问卷最后，向被调查者表达谢意。

2. 设计调查问卷的程序

（1）第一步，明确调研目的及信息来源。首先，进行探索性调研，发现待研究的问题；其次，参照调研主题对问题进行筛选，排除不必要问题；最后，确定调查主体和调查内容。

（2）第二步，确定问卷类型及抽样方式。首先，根据被调查群体的属性及特征确定采用何种问卷类型，即送发式、邮寄式、人员或电话访问式等；而后，确定抽样方式，即随机抽样或非随机抽样。

（3）第三步，明确需要获得的信息。首先，根据调研的目的及主题列出所要调研的信息；其次，集思广益，使问卷能够尽量包括所有问题；最后，考虑信息获得的渠道及可行性。

（4）第四步，设计问题及答案。首先，确定问题的类型（开放或封闭）；其次，设计问题，要求用词清楚，避免误导或引诱性词句，切忌一个句子中出现两个问题；最后，问题选项应尽量包含所有可能，例如，可增添"其他"选项。

（5）第五步，问题排序。首先，运用过滤性问题将不合格应答者剔除；其次，将易答问题放在前面，复杂、敏感的问题放在后面；最后，按照正常的逻辑顺序进行排序或问题分组，以免产生思维来回跳跃的现象。

（6）第六步，修改与完善问卷。首先对问卷的措辞反复推敲，使问题能够清晰地表达出所要获得的信息；而后进行小范围的问卷试答，确认每一个问题都能够被充分地理解与回答，最后接受各方意见完善问卷。

（7）第七步，排版与印制。二者看似无足轻重，实际却能较大影响调查效果。切忌为节省成本而进行版面压缩，使问题之间空隙太小，也不要使用低档的纸张和粗糙的印刷。

随着社会的发展与营销中人力成本的增加，很多调查并不需要也不可能由调研人员亲自到场实施调研，而是通过邮件、插页、传真、电子邮件、网站、设置调查站点等方式将问卷传送给被调研对象。

3. 厨柜调查问卷设计注意事项

作为一个最重要也是最有效的办法——问卷调查法始终被业内人士看做制胜的法宝。根据调查行业和调查方向的不同，问卷的设计在形式和内容上也有所不同，但是无论对于哪种类型的问卷来说，在设计过程中都必须要注意以下几个要点：

（1）明确调查目的和内容，问卷设计应该以此为基础

在问卷设计中，必须明确调查目的和内容，这是问卷设计的前提。为什么要做调查，而调查需要了解什么？在进行问卷设计的时候都必须对调查目的有一个清楚的认知，并且在调查计划书中进行具体的细化和文本化，以作为问卷设计的指导。调查的内容可以是涉及公众的意见、观念、习惯、行为和态度的任何问题；可以是抽象的观念，如人们的理想、

信念、价值观和人生观等；也可以是具体的习惯或行为，如人们接触媒介的习惯，对商品品牌的喜好，购物的习惯和行为等。但是应该避免在调查内容上让人难以回答，或者是需要长久回忆而导致模糊不清的问题。

（2）明确针对人群，问卷设计的语言措辞应该选择得当

问卷题目设计必须有针对性，对于不同层次的人群，应该在题目的选择上有的放矢，充分考虑受调查人群的文化水平、年龄层次和协调合作可能性，除了在题目难度和性质的选择上应该考虑上述因素，在语言措辞上同样需要注意这点。比如面对家庭主妇做的调查，在语言上就必须尽量通俗，而对于文化水平较高的城市白领，在语言表达上就可以提高到一定的层次。只有在这样的细节上综合考虑，调查才能够顺利进行。

（3）在问卷设计的时候，就应该考虑数据统计和分析是否易于操作。目前做市场调查的人员，一般都能考虑到市场调查的目的和内容，在题目选择和言语措辞上也能够综合考虑到各种因素，但是往往容易忽视的一个问题就是数据的统计和分析。必须在问卷设计的时候就充分考虑后续的数据统计和分析工作，题目的设计必须容易录入，并且可以进行具体的数据分析。

（4）卷首最好要有说明（称呼、目的、填写者受益情况、主办单位），如有涉及个人资料，应该有隐私保护说明。

问卷调查是一项面对广大被调查群体的活动，由于调查目的和调查内容的不同，针对的群体也不尽相同，由于受被调查人群配合的积极性的影响，市场调查在操作上往往会比较困难，这也是很多市场调查常常做一些赠送返利的原因。但是作为操作市场调查的策划人员，就应该从这点上充分地尊重受调查人员，因此在问卷的设计上也应该尽量规范，同时必须要有受调查人员有权利知道的内容，对调查的目的内容进行一个说明。需要有一个尊敬的称呼，填写者的受益情况，主办单位和感谢语。同时，如果问卷中涉及个人资料，应该要有隐私保护说明。只有尊重受调查人群，才有可能调动他们配合的积极性。

（5）问题数量应该合理化、逻辑化、规范化

问题的形式和内容固然重要，但是问题的数量同样是保证一份问卷调查成功的关键因素：由于时间和配合度的关系，人们往往不愿意接受一份繁杂冗长的问卷，即使接受也不可能认真地完成，这样就不能保证问卷答案的真实性，同时在问题设计的时候也要注意逻辑性问题，不能产生矛盾的现象，并且应该尽量避免假设性问题，以保证调查的真实性。为了使受调查人员更容易回答问题，可以对相关类别的题目进行列框，受调查人员一目了然，在填写的时候自然就会比较愉快地配合。另外，主观性的题目应该避免，或者换成客观题目的形式，如果确实有必要，应该放在最后面，让有时间和能配合的受调查人员进行一定的文字说明。

最后，即使是一份很成功的问卷，也不一定就是成功的，必须要经过实践的考验。所以在问卷初步设计完成时，应该设置相似环境，小范围试着填写，并对结果作出反馈，及时进行修改。只有这样，才能够达到市场调研的终极目的，就是以准确的数据和分析来为策略做一个有价值的参考。

调查背景：为了全面解析成都厨柜消费市场特征，有效指导理性消费，让消费者更好地选择厨柜。2010 年 4 月 15 日至 5 月 4 日，搜房网成都家居网进行了"搜房网（成都）网友厨柜消费情况问卷调查"。调查报告从综合品牌关注度、厨柜价格、网友选购需求及厨柜各部分材料的选择等内容，得出调查结果。该报告将成为指导消费者积极、理性消费的参考依据。

调查目的：了解网友购买厨柜的习惯与需求，从而更好地为网友服务，引导网友理性消费。

调查形式：论坛线上问卷；活动现场填写问卷。

样本量：收回问卷 480 份，有效问卷 468 份。

接受问卷调查的搜房网友，有一半左右表示近期将购买厨柜，其中有 73% 表示会参加搜房团购，而 27% 的网友表示会视情况而定。调查显示，36% 的网友已经购买厨柜，其中近一半的网友表示已参加搜房团购。由此可见，网友对于搜房团购的支持度、认可度还是相当高的。另有数据显示，有 65% 的网友愿意在厨柜方面投入的预算占总预算的 5% ~ 10%，由此可以看出网友在厨柜方面的投入比例还是比较理智的，而且厨柜在装修的总预算中也是占有相当重要的比例。

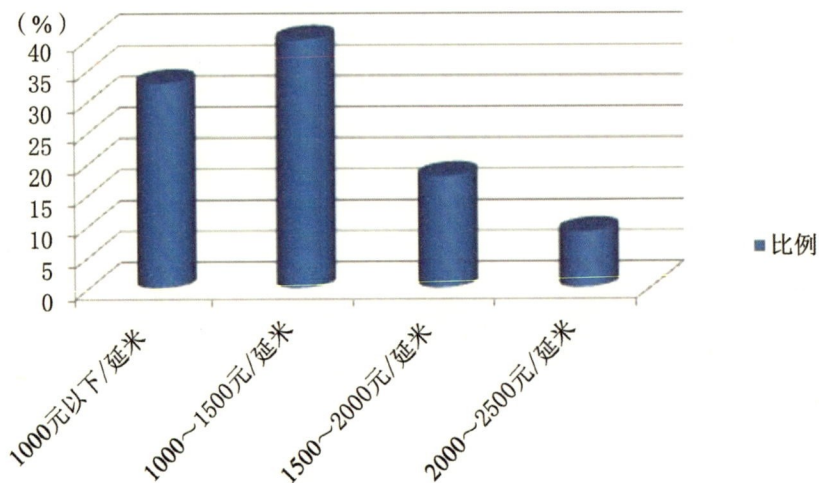

图 1-3 厨柜市场价格与网友投票情况

如今厨柜市场价格跨度较大，低则每延米几百元，高则每延米数千元不等。不同材质也将导致价格差异。调查显示，33% 的网友能接受 1000 元以下 / 延米，40% 的网友能接受 1000 ~ 1500 元 / 延米，18% 的网友能接受 1500 ~ 2000 元 / 延米，9% 的网友能接受 2000 ~ 2500 元 / 延米，2500 元以上 / 延米的厨柜无网友选择。1000 ~ 1500 元 / 延米这一价格区间的产品品质有所保障，价格也为大多网友所接受，是市场的主流。

预算为 3000 ~ 8000 元的网友更倾向于选择 1000 ~ 1500 元 / 延米的厨柜，预算为 8000 ~ 12000 元的网友更倾向于选择 1500 ~ 2000 元 / 延米的厨柜。总的来说，网友选择的价格与预算大体一致。

（二）厨柜市场调研报告的内容与结构

1. 前言

（1）封面。通常包括以下四方面内容：第一，标题，要尽可能提供有关报告的目的和内容的信息；第二，委托单位的名称，即为哪个单位或个人提供调研服务；第三，调查机构的名称（可以添加地址、电话、传真、电子邮箱等联系方式）；第四，呈送调研报告的日期。

（2）授权书。指在调研活动开始前委托客户写给调研机构的信函，详细说明了对调研机构的要求。通常是由双方订立确定委托代理关系的合同文书。并非所有报告都要求有授权书。一份授权书通常包括以下内容：调研范围与调研方法、付款条件、预算、人员配备、期限、临时性报告及最终报告的要求。

（3）目录。即列示整个书面报告的内容目录，帮助快速找到每一章节在报告中的相应位置。通常包括以下三方面：章节标题、副标题及相应页码；图表及数字清单标题及页码；附录标题及页码（即附录、索引及相关资料），以方便资料查询。如果是电子文档，要添加超链接跟踪，以增强报告的阅读性。

（4）执行性摘要。此部分是对调研报告主体部分的高度概括和总结，是整个报告的必读部分，为忙碌的管理者及委托单位提供了预览条件。主要包括：调研目标；调研方法、调研结果的简单阐述；简述结论及建议；其他有关信息（如背景信息、局限性等）。

2. 主体

（1）引言。介绍调研的背景（如项目来历、对企业及市场现状和调研方法简单描述等）、参与调研的人员和单位、向相关个人及单位致谢，也可以对报告中每一部分内容及相关联系进行简单介绍。

（2）分析与结果。此部分是调研报告的正文部分，也是最核心的部分。应按照一定的逻辑顺序进行陈述（通常包括项目的市场背景分析、原因分析、利弊分析和预测分析），并配合文字、表格、图形等分析全过程，并得出调研结果。

（3）结论及建议。此部分是调研报告的关键部分，也是最吸引人之处。其中，结论是以调研分析结果为基础得出的结论或决策；建议是根据结论而提出工作及行动建议，是今后的行动指南，是调研机构对整个调研项目的总结。

（4）调研方法。此部分主要介绍调研的研究类型及研究目的；总体及样本的界定；资料收集方法（文案法、访谈法、问卷法等）和调查问卷的一般性描述及特殊类型问题的讨论，以及对特殊性问题的考虑，以增强调研的可靠性。通常描述调研方法的篇幅无需过长。

（5）局限性。由于任何调研都难免受样本界定误差或随机误差的影响，同时又受时间、预算、资源或其他条件的约束和限制，调研结果易产生不同程度的误差现象，因此应以客观的态度对所调研项目的局限性进行相关说明。

3. 附录

（1）调查问卷及说明。将调查问卷原稿附在正文后面，并对调研方法、抽样调查方式以及问卷调查中相关问题进行详细说明。

（2）数据统计图表及详细计算与说明。报告中涉及的图表及其他视图资料应进行详细说明，对于数据的统计、计算过程也应适当作详细解释。

（3）参考文献及资料来源索引。报告中所参考的文献、学术期刊等资料需进行说明；

同时需要对一手资料、二手资料的来源及联系方式进行详细说明。

（4）其他支持性材料。除上述资料外的其他资料也应作相应说明。

（三）厨柜市场调研报告的撰写要求及注意事项

一份好的市场调研报告不仅要精心设计报告内容，同时要合理地组织安排报告结构和格式，更重要的是应以客户导向为基础。以下是撰写市场调研报告的要求及注意事项。

1. 合乎逻辑

撰写调研报告应按照调研活动展开的顺序，前后衔接，环环相扣，使调研报告结构合理，符合逻辑，并对必要的重复性调研工作进行适当说明。通常通过设立标题、副标题、小标题并标明项目的等级符号以增强报告的逻辑性。

2. 解释充分，结论准确

调研报告中的图表是为增强阅读性、可视性而设计的，然而并不意味着不需要进行任何解释性工作，尽管绝大多数人都能够理解图表的内容及含义，但调研报告撰写者应辅以相关文字进行说明。同时，报告中不要堆砌很多与调研目标和调研主题无关的资料及解释说明，避免形成脱离目标的结论，而是应尽量切合实际地提出调研建议。

3. 重视质量，篇幅适当

有些调研人员误认为报告越长，质量越高，并试图将自己获知的信息均纳入报告中，从而导致"信息冗余，重点不突出"。因此，应重视调研报告的质量，一份优秀的调研报告应该是简洁、有效、重点突出，避免篇幅冗长。

4. 定量与定性分析相结合

一份优秀的调研报告既不能通篇做文字说明（使报告的可读性下降），又不能将所有的定量分析结果罗列，这些通过高技术手段和过度使用定量技术的做法往往被视为"泡沫工作"，给人们的阅读及理解造成干扰和困难。因此，撰写调研报告要将定量分析与定性分析方法相结合。

5. 避免虚假的准确性

通常人们对统计数字保留到两位小数以上形成认知错觉，主观上认为这些数字极其精确。例如，有 52.79% 的顾客对我公司提供的服务满意，人们会误认为这一数字是准确无误的，然而，这可能是调研者的技巧与方法。因此，调研人员应尊重客观事实，避免虚假的准确性。

阅读材料

调查问卷提问的十大艺术之一

艺术之一：避免复杂、抽象、专业、夸张的词汇

问卷中的话句应能被所有被调查者理解，切忌出现复杂化、抽象化、专业化问题。

例1

问题："假设你注意到你冰箱中的自动制冰功能并不像你刚把冰箱买回来时的制冰效果那样好。于是打算修理一下，遇到这种情况，你脑子中会有一些什么顾虑？

点评：此类复杂的问题容易给被调查者造成误解并使其厌烦。

改正："如果冰箱的制冰功能运转不正常，你会怎么办？"

例2

问题："你经常来 ×× 商场吗？"

点评：此类问题中"经常"一词过于抽象，每个人对其定义不同，易产生理解误差。

改正："你多长时间来 ×× 商场一次？"

例3 "你认为本公司产品的定位是什么？"

点评：此类过于专业化的问题容易导致很多被调查者不理解。

改正："你认为本公司的产品给你的第一印象是什么？"

第二节　厨柜市场细分

学 习 目 标

为了满足市场竞争的需要，企业必须尽力满足消费者的不同需求，所以要进行适度的市场细分，这样才能方便企业服务于不同的市场。

【重点】

1. 厨柜市场细分的概念
2. 厨柜市场细分的原则
3. 厨柜市场细分的流程与方法

【难点】

厨柜市场细分的运用

任务讲解

分属于同一细分市场的消费者，他们的需要和欲望极为相似；而分属于不同细分市场的消费者对同一产品的需要和欲望存在着明显的差别。

一、厨柜市场细分

市场细分也称市场细分化，是美国市场学家温德尔·史密斯于20世纪50年代中期提出的新概念。所谓市场细分就是指企业根据消费者需求的差异性，将整体市场划分为两个或两个以上的需求与愿望大体相同的消费者群的过程，每一消费者群即为一个细分市场。例如，在购买手表的过程中，有的消费者喜欢计时基本准确、价格比较便宜的手表，有的消费者需要计时准确、耐用且价格适中的手表，有的消费者要求外观精美、具有象征意义的名贵手表。手表市场据此可细分为三个子市场。

西方工业化初期，商品供不应求，企业在"生产观念"的指导下，把市场看作一个整体，认为所有顾客对于产品的需求大致相同，因此生产经营某种规格、型号、颜色单一的产品，试图以该产品去满足整体市场上所有消费者的需求，这样在当时可以大大降低成本和价格，创造最大的潜在市场，获得更多的利润。企业很少甚至根本不愿意研究消费者需求的差异性。但从第二次世界大战结束以后，生产的发展促使供大于求的"买方市场"逐渐形成，企业为了竞争的需要，必须重新分析市场顾客的不同需求，满足需求差别，才能赢得竞争主动权。

为了满足厨柜市场竞争的需要，企业必须尽力满足厨柜消费者的不同需求，所以要进行适度的市场细分，这样才能方便厨柜企业服务于不同的市场。

（一）市场细分的作用

市场细分对企业市场营销的影响和作用很大，一般表现为以下几个方面。

1. 有利于企业发掘新的市场机会

企业运用市场细分的原理来分析研究市场，不仅可以了解整体市场的情况，还可以具体了解每一个细分市场，掌握不同市场消费者群的需求，从中发现各细分市场消费者的满足程度，即哪些消费者需求已获得满足，哪些尚未满足，哪些满足程度不够。这些需求未得到充分满足的市场，为企业提供了一个极好的市场开拓机会。

2. 有利于小企业开拓市场，在大企业的夹缝中生存

顾客的需求是多变的、各不相同的，而即使是大企业，其资源、人力、物力、资金也都是有限的。中小企业如果善于发现一部分特定的消费者尚未满足的需求，细分出一个"子市场"、见缝插针，往往能够在缝隙中求得生存，在竞争中求得发展，获得理想的营销效益。

3. 有助于企业确定目标市场，制定有效的市场营销组合策略

市场细分后的子市场比较具体，比较容易了解消费者的需求，企业可以根据自己的经营思想、方针及生产技术和营销力量，确定自己的服务对象，即目标市场。由于目标市场明确，企业比较容易察觉和估计顾客的反应，能及时地制定和调整营销策略及其产品、价格、渠道和促销，从而提高企业的竞争能力。

4. 有利于企业合理使用资源，提高营销效益

企业根据市场细分，确定目标市场的特点，扬长避短，将有限的人力、物力、财力等资源用于少数几个或一个细分市场上，可以避免分散力量，从而取得事半功倍的经济效果，发挥最大的经济效益。

（二）消费者市场细分的依据

由于影响消费者市场和生产者市场的因素不同。消费者市场细分的标准涉及范围广泛，一般产品的市场细分依据如下几个标准。

1. 地理环境标准

企业可按区域划分市场，可按气候条件划分市场，可按城乡划分市场，也可按自然条件划分出山区、平原、丘陵、湖泊、沙漠、草原等地区市场。地理变数之所以作为市场细分的依据，是因为处在不同地理环境下的消费者对于同一类产品往往有不同的需求与偏好，

他们对企业采取的营销策略与措施会有不同的反应。例如，在化妆品需求方便，城市居民与农村居民、沿海居民与内地居民有明显的不同。在服装需求方面，南方不同于北方，山区、草原与平原也各有区别。

2. 人口变量标准

包括以消费者的年龄、性别、家庭规模、家庭生命周期、民族、宗教信仰、文化程度、职业、收入水平等因素作为细分市场策划的标准。

消费者的需求、偏好与人口统计变量有着密切的关系，比如，只有收入水平很高的消费者才可能成为高档服装、名贵化妆品、高级珠宝等的常客。人口统计变量比较容易衡量，有关数据相对容易获取，由此构成了企业经常以它作为市场细分依据的重要原因。

3. 消费者行为心理标准

包括以消费者的生活方式、个性、购买动机、偏好、流行时尚等因素作为市场细分策划的标准。如西方的一些服装生产企业为"简朴的妇女""时髦的妇女"和"有男子气的妇女"分别设计不同服装，烟草公司针对"挑战型吸烟者""随和型吸烟者"及"谨慎型吸烟者"推出不同品牌的香烟，就是依据生活方式细分市场。心理状态直接影响消费者的购买趋向，特别是在经济发展较快、居民收入较多及消费者的需要已从低级需要发展为高级需要的地区，消费者购买商品已不仅限于满足基本生活需要，其心理因素的作用更为突出。

本书通过对全国厨柜市场的调查，目前畅销的厨柜产品风格以简约、现代、欧式、田园四类为主。由于厨柜舶来品的特性，国内厨柜市场在很长一段时期的发展中受到了国外市场的引领，特别是在产品风格及设计上，大多品牌都会借鉴国外知名品牌的产品，从而制约国内自主风格的发展，而且厨柜设计属于系统工程，涉及到厨房区域的各个角落，国内厨柜设计能力及水平还处于较低水平，有待进一步提高。

在四个主要的厨柜风格中，现代风格、欧式风格、田园风格均受到消费者的欢迎，市场占比较为接近，相比来看现代风格厨柜产品市场占比略高一筹。

（三）生产者市场细分依据

生产者市场的购买目的是为了再生产，并从中谋求利润，许多用来细分消费者市场的标准，同样可用于细分生产者市场。如根据地理、追求的利益和使用率等变量加以细分。但由于最终需求、购买方式等与消费者不同，还要用一些与其相适应的依据来进行细分。

1. 用户的行业类别

用户的行业类别包括农业、军工、食品、纺织、机械、电子等，用户的行业不同，其需求就有很大的差异。即使是同一产品，不同行业用户对产品的品种、质量等要求也不相同。营销人员可以用户行业为依据进行市场细分。

2. 用户规模

一般我们把用户分为特大型、大型、中型、小型用户。用户规模决定其购买力的大小。大用户虽然少，但购买力很大；小用户虽然多，但购买力较小。以钢材市场为例，像建筑公司、造船公司、汽车制造公司对钢材的需求量很大，动辄数万吨的购买，而一些小的机械加工企业，一年的购买量也不过几顿或几十吨。企业可根据用户规模这一标准对产业市场进行细分。根据用户或客户的规模不同，企业的营销组合方案也应有所不同。比如，对于大客户，宜直接联系、直接供应，在价格、信用等方面给予更多优惠；而对众多的小客户，则宜使产品进入商业渠道，由批发商或零售商去组织供应。

3. 用户的地理位置

每个国家和地区，大都根据物产、气候、交通运输条件及历史传统形成若干工业地区和经济区域。一般来说，生产者市场比消费者市场在地区上更为集中，可按用户地理位置进行细分。用户所处的地理位置不同，其需求有很大不同。例如，香港的地价昂贵，故香港企业希望购买精致小巧的机械设备。自然环境、资源、生产力布局等因素，决定了某些行业集中于某些地区，如东北地区，钢铁、机械行业、林业比较集中；珠江三角洲地区是电子业和服装、鞋帽、玩具等劳动密集型产业集中的地区。按用户地理位置细分市场，有助于企业将目标市场选择在用户集中地区，有利于提高销售量，节省推销费用，节约运输成本。

4. 用户购买状况

指购买者的购买能力、购买目的、购买方式、购买批量、付款方式、采购制度和手续等。工业者购买的主要方式如前所述包括直接重购、修正重购及新任务购买。不同的购买方式的采购程度、决策过程等不相同，因而可将整体市场细分为不同的小市场群。

以上标准只是理论上的笼统概括，市场细分并不存在统一的细分模式；而且作为划分标准的各种因素均为变数，须从动态的观念来细分。在众多纷繁的变数标准条件下，应当找出主要变数作为标准。为了保证掌握准确的市场细分标准，企业市场细分要进行市场调查，以便掌握市场变化动态，确定细分标准。

二、厨柜市场细分的原则

企业可根据单一因素，亦可根据多个因素对市场进行细分。选用的细分标准越多，相应的子市场也就越多，每一子市场的容量相应就越小。相反，选用的细分标准越少，子市场就越少，每一子市场的容量则相对较大。如何寻找合适的细分标准，对市场进行有效地细分，在营销实践中并非易事。一般而言，成功、有效的市场细分应遵循以下基本原则。

1. 可衡量性

这是指细分市场的需求特征必须是可以衡量的。也就是细分市场的顾客情况、市场范围和规模及购买力大小等有关资料，能通过市场调研、分析及其他方式获得，便于衡量该细分市场。

这项原则包括三方面的内容。首先是消费者的需求具有明显的差异性，只有这样，才有必要对市场进行细分。在一部分产品市场，消费者对产品的需求和对营销策略的反应具有基本的一致性，这种市场称为同质市场。消费者对这类产品的需求基本相同，一般要求购买方便、包装适用、价格合理，不大注意广告宣传。在另一部分产品市场上，消费者对同类产品的质量、特性要求各有不同，这类市场称为异质市场。在异质市场上，购买欲望和兴趣大致相同的消费者群，就构成一个细分市场。竞争者可以根据消费者对产品特征的不同偏好，向市场提供具有不同特征的产品和服务。其次，是考虑对消费者需求的特征信息是否易于获取和衡量，能否衡量细分标准的重要程度并进行定量分析，否则也无必要加以细分。再次，它是经过细分后的市场，范围、容量、潜力等也必须是可以衡量的，这样才有利于确定目标市场。

2. 可进入性

这个原则是指细分出来的市场应是企业营销活动能够抵达的，也就是企业通过努力能够使产品进入并对顾客施加影响的市场。细分后的市场，首先必须是值得企业去占领的，能为企业新产品开发带来价值；其次必须是能够占领的，如果细分市场是企业现有人力、物力、财力和营销组合等所达不到的，这样的市场就毫无意义。

3. 有效性

即细分出来的市场，其容量或规模要大到足以使企业获利。也就是说，细分市场的规模必须使企业有利可图，有一定的现实需求量和潜在需求量。如果细分后的市场规模过小，市场容量和潜力有限，就没有开发的价值。例如，冰激凌生产企业如果把我国西部山区作为一个细分市场，由于该市场消费水平低下，企业恐怕没有办法在一定时间内实现盈利目标。

4. 稳定性

这是指各细分市场的特征在一定时期内能够保持相对不变。因为企业市场细分的目的在于正确选择目标市场，而且通过一系列的营销策略组合在目标市场上扩大销售，增加企业盈利。如果目标市场的情况频繁变动，企业的经营设施和营销策略也要面临变动甚至失效，带来的损失不言而喻。所以，企业往往青睐比较稳定的市场。

三、厨柜市场细分的程序和方法

（一）市场细分的程序

企业进行市场细分，大致可分为七个步骤。

1. 选定产品的市场范围

产品市场范围应以顾客的需求，而不是产品本身特性来确定。例如，某一房地产公司打算在乡间建造一幢简朴的住宅，若只考虑产品特征，该公司可能认为这幢住宅的出售对象是低收入顾客，但从市场需求角度来看，高收入者也可能是这幢住宅的潜在顾客。因为高收入者在住腻了高楼大厦之后，恰恰可能向往乡间的清静，从而可能成为这种住宅的顾客。

2. 列举潜在顾客的基本需求

企业要根据已选择与确定的营销目标，对市场上已经存在、刚开始出现或将要出现的消费需求，尽可能全面地进行调查分析，并详细描述出来。如对于手机这一产品，消费者的要求是：通话效果稳定、清晰；外观美观大方；价格适中；增加一些功能，可以一物多用等等。而不同用户需要增加的功能又不大相同，主要有拍照功能、音乐播放功能、上网功能、收发邮件功能、移动电视功能、移动办公功能等。

3. 了解潜在顾客的不同需求

对于列举出来的基本需求，不同顾客强调的侧重点可能会存在差异。比如手机，通话效果好、美观大方、价格适中是所有顾客共同强调的，但有的用户可能特别重视实用功能，另外一类用户则对附加功能、个性外观等有很高的要求。通过这种差异比较，不同的顾客群体即可被初步识别出来。

4. 抽掉潜在顾客的共同需求，而以特殊需求作为细分标准

上述所列购买手机的共同要求固然重要，但不能作为市场细分的基础。如通话效果和价位适中是每位用户的要求，就不能作为细分市场的标准，因而应该剔出。

5. 根据潜在顾客基本需求上的差异将其划分为不同的群体或子市场，并赋予每一子市场一定的名称

例如，西方房地产公司常把购房的顾客分为好动者、老成者、新婚者、度假者等多个子市场，并据此采用不同的营销策略。我们刚才所举的手机市场，也可以把消费者分成追求实用者、追求高性价比者、音乐手机爱用者、游戏手机爱用者、办公手机爱用者等。

6. 进一步分析每一细分市场需求与购买行为特点，并分析其原因，以便在此基础上决定是否可以对这些细分出来的市场进行合并，或作进一步细分

如在手机用户方面，可不可以把音乐手机爱用者和拍照手机爱用者合并，推出既可以播放音乐又可以拍出高质量照片的手机，就可以为手机市场新产品开发提供思路。再如大宝护肤产品就把中年护肤品使用者、男性护肤品使用者、低收入护肤品使用者、追求实惠护肤品使用者合在一起，在营销策略方面简单有效，也取得了不俗的市场业绩。

7. 估计每一细分市场的规模

即在调查基础上，估计每一细分市场的顾客数量、购买频率、平均每次的购买数量等，并对细分市场上产品竞争状况及发展趋势做出分析。

（二）市场细分的方法

企业的经营方向、经营规模、具体产品不同，采用的细分方法也必然存在差别。这种差别主要表现在选用细分因素的内容、数量和难易程度三个方面。可供企业采用的细分方法主要有以下几种。

1. 单一因素法

只选用一个因素对市场进行细分的方法称为单一因素法。如服装企业，按年龄细分市场，可分为童装、少年装、青年装、中年装、中老年装、老年装；或按气候的不同，可分为春装、夏装、秋装、冬装。采用这种方法简单易行，对少数产品市场细分行之有效。但企业难以全面、深入地掌握细分市场的需求特征，且难以采取相应的营销策略。

2. 主导因素排列法

它是指当一个细分市场的选择存在多因素时，可以从消费者的特征中寻找和确定主导因素，然后与其他因素有机结合，确定细分的目标市场。例如，有专家认为职业与收入是影响女青年选择服装的主导因素，文化程度、婚姻状况、气候等居于从属地位，因此，应以职业和收入作为细分女青年服装市场的主要依据。

3. 综合因素法

用两个或两个以上的因素，同时从多角度对市场进行细分的方法称为综合因素法。因为某些产品市场上的消费者需求差别常常极为复杂，只有从多方面去分析、认识，才能更全面、更准确地将其区别为具有不同需求特点的消费者群。

4. 系列因素法

根据企业经营的特点并按照影响消费者需求的诸因素，逐步地进行市场细分。这种方法可使目标市场更加明确而具体，有利于企业更好地制定相应的市场营销策略。如自行车市场，可先按地理位置（城市、郊区、农村、山区）进行划分，再按性别因素分出男车和女车，接下来按年龄（儿童、青年、中年、中老年）、收人（高、中、低）、购买动机（求新、求美、求价廉物美、求坚实耐用）等变量因素不断进行市场细分。这样由粗到细、由简至繁，逐步找到可供本企业开发的目标市场。

第三节　厨柜目标市场选择

学习目标

企业要正确和有效地选择目标市场，必须在市场细分的基础上，对各个细分市场进行评价。

【重点】

1. 目标市场的概念
2. 厨柜目标市场选择
3. 厨柜目标市场策略
4. 厨柜目标市场策略的选择

【难点】

厨柜目标市场策略的选择

任务讲解

目标市场是企业营销活动所要满足的市场，企业为实现预期目标要进入并为其服务的市场。

一、厨柜目标市场选择

企业在对整体市场进行细分之后，要对各细分市场进行评估，然后根据细分市场的市场潜力、竞争状况、本企业资源条件等多种因素决定把哪一个或哪几个细分市场作为目标市场。

（一）细分市场评价

一般而言，企业考虑进入的目标市场，应符合以下标准或条件。

1. 市场上存在尚未满足的需求，有充分的发展潜力

企业进入某一市场是期望能够有利可图，如果市场规模狭小或趋于萎缩状态，企业进入后难以获得发展，此时，应审慎考虑，不宜轻易进入。当然，企业也不宜以市场吸引力作为唯一取舍的标准，因为一般而言，有吸引力的市场是众多企业共同争夺的目标，大家

共同争夺同一个顾客群的结果是，造成过度竞争和社会资源的无端浪费，同时使消费者的一些本应得到满足的需求遭受冷落和忽视。现在国内很多服装企业将青年女性的服装市场作为其首选市场，而对成熟女性和男性的服装比较冷落，导致局部市场竞争过于激烈，而另一些市场消费者需要又不能满足，如果转换一下思维角度，一些目前经营尚不理想的企业说不定会出现"柳暗花明"的局面。

2. 市场上有一定的购买力

消费者未满足的需要，一旦具有现实的购买能力时，便成为现实的需求，构成现实的市场。对企业而言就有了足够的销售量，这是选择目标市场的重要条件之一。企业要充分认识到，不具备购买能力的市场，是不能作为目标市场的。

3. 竞争者未完全控制的市场

企业选择目标市场不仅要求存在尚未满足的需求，具有较高的购买力，而且还要了解竞争对手是否完全控制了这个市场。如果竞争对手控制了这个目标市场，但市场引力足够强大，而且企业对自身很有信心的话，也可以设法挤进这一市场参与竞争。

4. 企业有能力开拓的市场

前面所讲的是选择目标市场的外部客观条件，这里则是指选择目标市场的企业本身必备的主观与客观条件。只有当企业的人力、物力、财力以及经营管理水平等条件具备时，才能考虑将这个市场作为企业的目标市场。

二、厨柜目标市场策略

企业在决定目标市场的选择和经营策略时，要确定目标市场的涵盖面，可根据具体条件考虑三种不同的策略。

1. 无差异性营销策略

无差异性营销策略是指企业把整个市场看作是一个整体，即一个大的目标市场不再细分，只推出一种产品，运用一种营销组合，满足尽可能多的消费者需求所采取的营销策略。无差异性营销策略只考虑消费者或用户在需求上的共同点，而不关心他们在需求上的差异性。可口可乐公司在 60 年代以前曾以单一口味的品种、单一标准的瓶装、统一的价格、同一广告主题将产品面向所有顾客，就是采取的这种策略。

无差异性营销策略的最大优点和立论依据是成本的经济性。单一品种可以减少生产、储存、运输成本，单一的促销活动可以降低促销费用，无需进行市场细分，可以节省市场调研开支等，因此可以降低产品成本。不过对于大多数产品，无差异市场营销策略并不一定合适。因为消费者需求客观上千差万别并不断变化，一种产品长期为所有消费者和用户所接受非常罕见。而且，当竞争对手采取其他营销策略时，本企业会比较弱势和被动。正由于这些原因，世界上一些曾经长期实行无差异营销策略的大企业最后也被迫改弦更张，转而实行差异性营销策略。被视为实行无差异营销典范的可口可乐公司，面对百事可乐、七喜等企业的强劲攻势，也不得不改变原来策略，一方面向非可乐饮料市场进军，另一方面针对顾客的不同需要推出多种类型的新可乐。

2. 差异性营销策略

指企业在对市场进行细分的基础上，根据各细分市场的不同需求，分别设计不同的产品和运用不同的市场营销组合，服务于各细分子市场。如宝洁公司针对不同消费者对洗涤用品的不同需求，提供适用于不同发质、不同心理需要、不同价位、不同类型、不同品质、不同品牌的产品给消费者。洗衣粉类产品有强力去污的"碧浪"、去污很强的"汰渍"；洗发用品有潮流一族的"海飞丝"、优雅的"潘婷"、新一代的"飘柔"、品位代表的"沙宣"，等等。通过不同的产品来满足各个细分子市场的需要。多品种的生产能分别满足不同消费者群的需要，扩大产品销售，因此，差异市场营销策略优点是能扩大销售，减少经营风险，提高市场占有率。由于某一两种产品经营不善的风险可以由其它产品经营所弥补；如果企业在数个细分市场都能取得较好的经营效果，就能树立企业良好的市场形象，提高市场占有率。

这一策略的缺点是由于增加了企业产品种类和市场营销组合的多元化，使企业用于设计、试制、制造和改进工艺的生产成本、管理成本、促销成本都大大提高。因此，采用差异市场营销策略的企业一般是大企业，有一部分企业，尤其是小企业无力采用。

3. 集中性营销策略

集中性营销策略是企业集中力量进入一个或少数几个细分市场，实行专业化生产和销售。实行这一策略，企业不是追求一个大市场角逐，而是力求在一个或几个子市场占有较大份额。例如，江苏好孩子集团当初就是避开在成人自行车市场与名牌企业的竞争，专心生产经营儿童自行车，其后的发展已经远远超出了当年那些曾经风光一时、生产成人自行车的大企业。

集中性营销策略的优点：可以深入了解特定目标市场的需求特征，有针对地采取营销手段，精心设计产品，加强服务，扩大销售，提高利润率。尤其对一个资源有限的企业来说，与其在一个大市场上占很小的份额，不如在一个或少数较小的目标市场上拥有较大的市场占有率，甚至于支配地位。一般来说，资源有限的中小型企业通常采用此策略。集中性营销策略的局限性主要表现在局部市场规模的限制和经营风险的提高，因此，采用这一策略时，企业应密切注意目标市场的动向，并制定适当的应急措施，以求进可攻，退可守，进退自如，减小风险。

营销小课堂

江崎糖业公司的目标市场策略

日本泡泡糖市场年销售约为 740 亿日元，其中大部分为"劳特"所垄断。可谓江山唯"劳特"独坐，其他企业再想挤进泡泡糖市场谈何容易。但是，江崎糖业公司对此并不畏惧。公司成立了市场开发班子，专门研究霸主"劳特"的不足，寻找市场的缝隙。经过周密调查分析，终于发现"劳特"的四点不足：第一，以成年人为对象的市场正在扩大，而"劳特"却只把重点放在儿童市场上；第二："劳特"的产品主要是果味型泡泡糖，而现在的消费者需求正在多样化；第三："劳特"多年来一直生产单调的条板状泡泡糖，缺乏新型样式；

第四，"劳特"产品价格是 110 元，顾客购买时需多掏 10 元的硬币，往往感到不便。通过分析，江崎公司以成人泡泡糖市场为目标市场，并制定相应的市场营销策略。不久，它便推出功能性泡泡糖四大产品：司机用泡泡糖，使用了高浓度薄荷和天然牛黄，以强烈的刺激消除司机的困倦；交际用泡泡糖，可清洁口腔，祛除口臭；体育用泡泡糖，内含多种维生素，有益于消除疲劳；轻松性泡泡糖，通过添加叶绿素，可改变人的不良情绪。它还精心设计了产品的包装，使其产品向飓风一样席卷全日本。当年销售额达到 175 亿日元，从零猛增至 25% 的市场份额。

三、厨柜目标市场策略的选择

前述三种目标市场策略各有利弊，企业到底应采取哪一种策略，应综合考虑企业、产品和市场等多方面因素予以决定。

1. 企业资源或实力

当企业生产、技术、营销、财务等方面实力很强时，可以考虑采用差异性或无差异性市场营销策略；资源有限，实力不强时，采用集中性营销策略效果可能更好。

2. 产品的情况

（1）产品本身差异性的大小

差异性很小的产品，如粮食、食盐、煤炭等，顾客一般不重视产品的种类差异，主要考虑的是价格和服务，因而可采用无差异营销策略；对那些规格复杂、挑选性强的产品，如服装、家用电器等，则宜采用差异性或集中性营销策略。

（2）产品生命周期的阶段

当新产品刚刚进入市场，处于引入期时，产品还未被广大消费者所认识，品种规格也不多，宜采取无差异性营销策略，以探测市场需求与潜在顾客，并可以通过规模生产降低成本。当产品进入成熟期后，同类产品增多，市场竞争加剧，就应当及时转向差异性营销策略，增加产品的花色、品种、式样，调整推销方式，不断开拓新的市场；或实行集中性营销策略，强调产品的差异性，更有针对性地适应消费者的需求变化，确定产品的特殊地位，保持原有市场，开拓新的市场，以维持和延长产品生命周期。

3. 市场情况

这里主要是指细分市场之间需求特征相似的程度。如果消费者对商品的偏好大致相同，对销售方式和服务要求也没有多大的差别，即所谓"同质市场"，应采取无差异性营销策略；反之，如果市场需求差别较大，消费者对销售和服务有许多不同的要求，我们称之为"异质市场"，则宜采用差异性或集中性营销策略。

麦当劳如何针对不同的市场选择合适的目标市场

麦当劳公司主要是根据三大要素进行市场细分，即地理要素、人口要素和心理要素，其中公司人口要素细分做得比较成功。作为一个餐饮业的巨头，麦当劳对人口因素进行非常仔细的分析，主要从年龄及生命周期阶段对人口市场进行细分，其中，将不到开车年龄的人群划定为少年市场；将20~40岁的年轻人界定为青年市场，理解他们的生活方式，知道他们时间有限，要求吃得又快又好；而对于老年人市场，麦当劳公司在对其宣传中将经济实惠作为重点，同时，还尽力鼓励他们到本公司工作。

麦当劳针对上述细分市场采用不同广告宣传方式，如对青少年市场做的广告是以摇滚音乐，冒险性和快进画面穿插为特点；而对老年人市场的广告宣传则突出柔和并富有情调。实际上，儿童在餐饮方面极有可能成为家庭非常重要的影响因素。因为对父母而言，让小孩快乐、负担得起、方便选购、省去煮饭麻烦、有好吃的食物、自觉是个好父母，这些因素将使父母顺从孩子的意愿。可见儿童这个市场是非常重要的，它占领了麦当劳很大的市场份额。但是，近年来由于新的竞争者加入，这就迫使它必须另外开拓市场，除了儿童市场，能开拓新的目标市场就是老年人市场和成年人市场。老年人消费量不大，对麦当劳来说，这个市场并不具有很大的吸引力。而成年人市场则不一样，这个市场很有开发潜力。然而，成年人对麦当劳的忠诚度并不高，针对这种情况，麦当劳已经采取很多的措施，包括以成年人细分市场为目标市场进行促销活动，每6个月组织一次促销性游戏。

4. 市场竞争情况

一方面要看竞争者的数目和市场竞争的激烈程度。当竞争对手很多时，消费者对产品的品牌印象显得很重要，为了在不同的消费者群中树立本企业产品形象，建立有较高信誉的品牌形象，增强该产品的竞争力，宜采用差异性或集中性营销策略；在竞争者很少、本企业基本处于独家销售的情况下，消费者的需求只能从本企业产品得到满足，则无须采用差异性营销策略。当然，如果企业希望能在市场上长期保持领先地位，即使在竞争不太激烈的情况下，也有必要未雨绸缪，先做好市场调研和产品开发的准备工作，力求满足广大消费者日益多样化的需求。另一方面是指竞争者的战略。一般来说，企业的目标市场战略应与竞争者有所区别，或反其道而行之。在选择目标市场策略时，如果竞争对手实行的是无差异性市场营销，则本企业应实行集中市场营销或更深一层的差异性市场营销；如果本企业面临的是较弱的竞争者，可采取与之相同的战略，凭实力击败竞争对手。

总之，决策者应从资源、产品、市场、竞争因素综合考虑，灵活地选择最佳的目标市场营销策略，力争战胜竞争对手，提高企业的市场占有率，巩固自己的市场地位。

第四节　厨柜市场定位

学习目标

会运用市场概念和市场特征分析市场，并通过对市场营销的概念、市场营销管理、现代营销观念的认识指导市场营销实践。具备市场营销管理哲学定位的能力。

【重点】
1. 厨柜市场定位的概念和定位原则
2. 厨柜市场定位的步骤
3. 厨柜市场定位的策略

【难点】
厨柜产品定位策略

任务讲解

企业在选定目标市场之后，还要决定怎样占领市场。如果这是一个原来就已经存在的目标市场，其中已有其他竞争对手从事生产或销售，甚至这些竞争者在这个市场中已占据了"地盘"，那么摆在企业面前的课题就是市场定位问题。

一、厨柜市场定位的概念和定位原则

（一）厨柜市场定位概述

市场定位是 20 世纪 70 年代由美国学者阿尔·赖斯提出的一个重要营销学概念。所谓市场定位就是企业根据目标市场上同类产品竞争状况，针对顾客对该类产品某些特征或属性的重视程度，为本企业产品塑造有力的、与众不同的鲜明个性，并将其形象生动地传递给顾客，求得顾客认同。

市场定位包括企业定位、产品定位、服务定位等，产品的特色和优良形象，可以从产品实体上表现出来，如形状、成分、构造、性能等；也可以从消费者心理上反映出来，如豪华、朴素、时髦、典雅等；还可以从价格水平、质量水平等方面得到体现。定位行为的主要对象是那些可能成为该产品消费者的心理。换言之，定位行为就是公司给产品在潜在顾客心目中确定一个恰当的位置。例如，"麦当劳"是全球化快餐店，"海尔——真诚到永远"。

（二）厨柜市场定位的原则

各个企业经营的产品不同，面对的顾客也不同，所处的竞争环境也不同，因而市场定位所依据的原则也不同。总的来讲，市场定位所依据的原则有以下四点。

1. 根据具体的产品特点定位

构成产品内在特色的许多因素都可以作为市场定位所依据的原则。比如所含成分、材料、质量、价格等，都可以帮助企业找到自己的位置。如大宝护肤品定位于"便宜，好吸收"，迎合了部分低收入者的需要；沃尔沃汽车强调"安全"，迎合了富裕阶层注重保护自身的需要。

2. 根据特定的使用场合及用途定位

为老产品找到一种新用途，是为该产品创造新市场的好方法。尼龙刚刚发明时，曾一度被用来制作军用降落伞，但这个市场毕竟太小，于是杜邦公司先后研制了很多新产品，使得尼龙在丝袜、游泳衣、旅行袋、轮胎、运动服装等产品中大放异彩，这里就有不断定位的问题。我们曾有一家生产"曲奇饼干"的厂家最初将其产品定位为家庭休闲食品，后来又发现不少顾客购买是为了馈赠，又将之定位为礼品。

3. 根据顾客得到的利益定位

产品提供给顾客的利益是顾客最能切实体验到的，也可以用作定位依据。如可口可乐公司近年来推出一种低热量的"零度"可乐，将其定位为喝了不会发胖的软饮料，迎合了那些经常饮用饮料而又担心发胖的人群。世界上各大汽车巨头的定位也有特色，劳斯莱斯车豪华气派，满足高收入人群的需要；丰田车物美价廉，满足中等收入者追求实惠的需要；沃尔沃汽车则强调性能的安全，也满足了某些消费者对安全的渴求。

4. 根据使用者类型定位

企业常常试图将其产品指向某一类特定的使用者，以便根据这些顾客的看法塑造恰当的形象。如现在的顾客在购买电脑时，有的把网络游戏放在首位，有的强调视频娱乐功能，有的中老年人由于没学过汉语拼音，可能还需要可以使用手写或语音导航的电脑，当然也有一些顾客特别强调电脑的强大办公或科研功能等。所以，企业在选定了自己的定位方向之后，就可以围绕这些特定顾客的需要进行产品开发和销售促进。如联想公司曾推出典型的家用电脑，除了合理的定位，还在操作界面设计等方面切实考虑家庭使用电脑的不同要求，并且在产品广告中特别强调电脑给一个幸福的三口之家带来的欢乐，这是中国电脑市场最早出现的市场定位，取得了很大的成功，也为联想集团后来的快速发展开了个好头。

二、厨柜市场定位的步骤

在越来越激烈的市场竞争中，企业进行市场定位是一种行之有效的营销手段，一般说来，它往往经历了三个阶段，即识别潜在竞争优势、确定核心竞争优势和传播独特竞争优势。

1. 识别潜在竞争优势

企业开展市场定位工作，能分析目标市场中各个位置的情况，结合自己实力，找出最能适合自己营销的位置。企业首先要进行规范的市场调研，了解目标市场的需求特点及这些需求被满足的程度。其次，研究竞争者的市场目标、财务目标及财务状况、组织机构、产品、技术优势与劣势、营销情况等。通过对竞争者、消费者、本企业三个方面多种因素的综合分析，就能确定企业现有具备发展潜力、通过努力可以创造的相对竞争优势，即企业在满足消费者需要及欲望方面能够胜过竞争者的能力。

2. 确定核心竞争优势

所谓核心竞争优势就是和竞争对手相比企业在产品开发、服务质量、价格、分销渠道、品牌知名度等方面所具有的可获得明显差别利益的优势。构成产品内在特色的许多因素都可以作为市场定位所依据的原则，特别是一些二线产品或新进行业的企业，可以避开最著名同类产品的锋芒，确定自己独有的优势。如"泰诺"止痛药的定位是"非阿司匹林的止痛药"，显示药物成分与以往的止痛药有本质的差异。

3. 传播独特竞争优势

企业独特的竞争优势一般不会自然而然地显示出来，必须通过一系列宣传、促销活动来表现。首先要让目标消费者知道、了解和熟悉企业的市场定位，通过采取各种形式，积极主动而又巧妙、经常地与消费者沟通，以期引起他们对企业市场定位的注意和兴趣；其次使目标消费者对企业的市场定位认同、喜欢和偏爱；最后，还要通过一些传播手段强化本企业产品的目标顾客心中的形象，只有顾客认定了的定位才能给企业带来稳定的收益。

当然，目标消费者对企业及其市场定位的理解并不完全一致，有时还会出现偏差，如定位过低或过高、定位模糊与混乱等，易在消费者中引起误会。企业在显示其独特的竞争优势的过程中，必须对市场定位不一致的形象加以矫正。企业在营销活动中也要避免与以往形象不一致的新定位，因为一旦与原来的定位发生冲突，将使消费者无所适从，从而毁掉企业以往在树立定位形象方面付出的努力。

三、厨柜市场定位的策略

市场定位一般包括以下策略。

1. 抢占或填补市场空位策略

抢占或填补空缺式的定位是指企业避开与竞争者直接对抗，将其定位于某处市场的"空隙"，发展当前市场上没有的某种特色产品，开拓新的市场领域。这样不仅避开了市场竞争，避免了与目标市场竞争者的直接对抗，而且还可以在目标市场的空隙或空白领域开拓新的市场，生产、销售目标市场上还没有的某种特色产品，以便更好地发挥企业的竞争优势，获取较好的经济效益。如"七喜"汽水的著名广告"七喜——非可乐"，强调它是不含咖啡因的饮料，与可乐类饮料不同，就避开了与当时风头正健的可口可乐的正面交锋，取得了比较理想的市场份额。

2. 与竞争者并存或对峙的市场定位策略

这是一种与在市场上居支配地位的竞争对手"对着干"的定位方式，即企业选择与竞争对手重合的市场位置，争取同样的目标顾客，彼此在产品、价格、分销、供给等方面少有差别。在世界饮料市场上，后起的"百事可乐"进入市场时，就采用过这种方式，与可口可乐展开面对面的较量。很明显，针锋相对式定位的策略具有较大风险性，弄不好会使企业在竞争中失利。但也有不少企业认为这样做可以借用竞争者已经为产品进行的市场宣传，学习竞争对手的产品开发思路等，不失为一条捷径。

采用这种方式，企业必须全面考虑：

（1）能否生产比竞争者质量更优或成本更低的产品；

（2）该市场能否容纳两个或两个以上相互竞争的企业；

（3）自己是否拥有比竞争者更多的资源

（4）这个定位是否符合本企业的声誉和能力优势等。

3. 重新定位的市场定位策略

重新定位通常是指对那些销路少、市场反应差的产品进行二次定位。初次定位后，随着时间的推移，新的竞争者进入市场，选择与本企业相近的市场位置，致使本企业原来的市场占有率下降；或者，由于顾客需求偏好发生转移，原来喜欢本企业产品的人转而喜欢其他企业的产品，因而市场对本企业产品的需求减少。在这些情况下，企业就需要对其产品进行重新定位。例如，美国强生公司在婴儿洗浴护肤用品广告中强调"宝宝喜欢，您也需要"，提醒成年消费者，此产品成分温和，大人也可以使用，这样重新定位后，其销售量就可能迅速提升。

一般来讲，重新定位是企业为了摆脱经营困境，寻求重新获得竞争力和增长的手段。不过，重新定位也可作为一种战术策略，并不一定是因为陷入困境，相反，可能是由于发现新的产品市场范围引起的。例如，某些专门为青年人设计的产品在中老年人中也开始流行后，这样产品就需要重新定位。

企业一旦决定了自己的市场定位策略，就可以拟定详细的市场营销组合策略，针对既定的市场位置，从产品、价格、渠道和促销等方面满足目标市场上消费者的特别需要。

营销锦囊

厨柜发展二十多年以来，行业内大大小小的厨柜企业数不胜数，品牌遍地开花，厨柜市场竞争用"白热化"来形容一点也不为过。面对多如牛毛的厨柜品牌，不光消费者眼花缭乱，厨柜企业也头疼，如何在众多厨柜品牌中脱颖而出成了当下厨柜企业思考最多的问题。业内人士表示，厨柜营销有门道，戳中消费者"痛点"或许更有效。

"痛点"是触动、感动、打动用户或者客户，让其为之行动的要害点，痛点营销，是时下互联网界常常挂在嘴边的时髦词儿，利用的正是消费者"不怕不识货，就怕货比货"的那种失落与不满心理，发掘并制造营销空间。纵观整个厨柜行业现状，可以发现是否拥有完善过硬的产品体系，已经成为考量一个厨柜企业能否实现对终端客户深度服务的关键基础。虽然很多企业也已经越来越深刻的意识到成套系风格产品的完善性、产品线的丰富性、不同系列产品风格和颜色的搭配多元性等元素是影响品牌不可小觑的关键。

厨柜企业今后还需不断设计开发富于个性化的新产品，最大限度地满足客户需求，引导、刺激、唤起客户的潜在购买欲望，并真正结合产品特点，制定出符合企业发展定位的全方位营销模式，真正帮助消费者解决心中所需，才能在终端赢得长久的信任和发展机遇。

——戳中消费者"痛点"更有效

本章小结

　　市场营销环境是存在于企业营销部门外部不可控制或难以控制的因素，是影响企业营销活动及其目标实现的外部条件。环境的基本特征有客观性、差异性、多变性和相关性，是企业营销活动的制约因素，营销管理者应采取积极、主动的态度能动地去适应营销环境。微观营销环境包括企业内部、营销渠道企业、顾客、竞争者和公众等方面。宏观营销环境包括人口、经济、自然、科学技术、政治法律、社会文化环境。按其对企业营销活动的影响，可分为威胁环境与机会环境。前者指对企业营销活动不利的各项因素总和；后者指对企业营销活动有利的各项因素总和。企业需要通过环境分析来评估环境威胁与环境机会，争取在同一市场机会中比竞争者获得更大的成效。

拓展练习

思考题

1. 市场营销环境有哪些特点？分析市场营销环境意义何在？
2. 微观营销环境由哪些方面构成？竞争者、消费者对企业营销活动有何影响？
3. 宏观营销环境包括哪些因素？各有何特点？
4. 消费者支出结构变化对企业营销活动有何影响？
5. 结合我国实际，说明法律环境对整个营销活动的重要影响。
6. 市场环境分析的方法有哪些？试用其中某一种方法剖析一个营销实例。

第二章　厨柜消费者市场分析

第一节　厨柜消费者市场特征及购买行为模式

学习目标

了解消费者市场的体量、业态、特征，以及对营销的影响。

【重点】

1. 厨柜消费者市场的含义及特征
2. 厨柜消费者购买行为模式

【难点】

厨柜消费者购买行为模式

任务讲解

消费层次的多样性、消费模式的多样性、消费影响因素的复杂性。

一、厨柜消费市场特征

消费者市场是指个人和家庭为了生活消费而购买商品和劳务的市场。它是企业乃至整个经济活动为之服务的最终市场。

由于消费需求的多样性和市场供求状况的多变性，消费者市场具有以下特征：

1. 非盈利性

消费者购买商品的目的是为了获取商品的使用价值，以满足生活方面的某种需要，并不是为了转卖或盈利。因此，非盈利性是消费者市场的一个显著特征。

2. 非专家性

消费者对多数商品缺乏专门的知识，对商品的性能、保管和维修都不太了解，所以其

29

购买属非专家购买。因而,消费者受广告和其他促销手段的影响较大。

3. 层次性

消费者的需求总是在一定支付能力和其他客观条件的基础上形成。如收入较低的人们,只能在低层次上满足其基本生活需要;随着人们收入水平的提高,其需求层就越高,不仅要满足生理需要,还要满足安全上的需要、实现自身价值的需要。因此消费者需求具有较明显的层次性。

4. 多样性

由于消费者人数众多、性格各异,加之在年龄、性别、职业、收入、教育程度、民族、宗教信仰等方面不同,消费者对不同商品,或同种商品的不同品种、规格、式样、价格、服务以及质量等都会产生多种多样的要求。

5. 分散性

消费者市场是以个人和家庭为基本消费单位,顾客多,购买范围广泛,消费者一般是小批量、多批次的零星购买,尤其对日用消费品的购买较为频繁。

6. 伸缩性

消费者购买商品,在数量、品级、式样等方面会随着购买力水平的变化而变化,随着商品价格的高低而转移。这反映了消费者在收入和价格的作用下需求弹性的变化。其中日常生活必需品,需求弹性较小,但其他大多数选择性较强的商品则需求弹性较大,如高档服装、耐用消费品等。这种消费需求的伸缩性决定了消费者市场也具有同样的特征。

7. 时尚性

消费需求不仅受到消费者内在因素的影响和制约,而且还会经常受到时代风尚、环境等外在因素的影响。时代不同,人们的消费需求也不同,如人们对服装款式、颜色的追求就较为明显。这种消费需求的时尚性或时代性也同样会反映到消费者市场上。

近几年,传统行业正在以裂变的速度接受着新一轮互联网浪潮的冲击,如厨柜等家居建材行业面临电商冲击一样。纵观整个厨柜发展,可以勾勒出以产品驱动渠道,以渠道提升品牌,以品牌延伸产品线,以资本整合产品与品牌这么一条路径。从这条发展路径我们可以看出,厨柜已从单一的产品比拼,延展至渠道比拼、品牌比拼、整合比拼。面对日趋激烈的厨柜行业,想要找准定位,顺势突围成了各大厨柜企业的当务之急。在营销方式的比拼中,如何才能取胜?这是当下厨柜企业需要仔细考量的问题。

二、厨柜消费者购买行为模式

(一)厨柜消费者购买行为基本模式的内容

对消费者购买行为规律的研究首先涉及消费者购买行为的基本模式,它主要由 6W1H 构成,即:

WHO:形成购买群体的是哪些人?

WHAT:他们要购买什么商品?

WHY:他们为什么要购买这样的商品?

WHO:哪些人参与了购买决策过程?

WHEN：他们在什么时候购买？

WHERE：他们在哪里购买？

HOW：他们以什么方式购买？

（二）厨柜消费者购买行为模式

所谓消费者购买行为，是指消费者为个人和家庭生活而购买商品或劳务的活动。每个消费者的购买行为是有差异的，我们把消费者普遍采用的购买行为方式称为消费者购买行为模式。如图 2-1 所示，刺激—反应模式体现了消费者购买行为的发生过程。

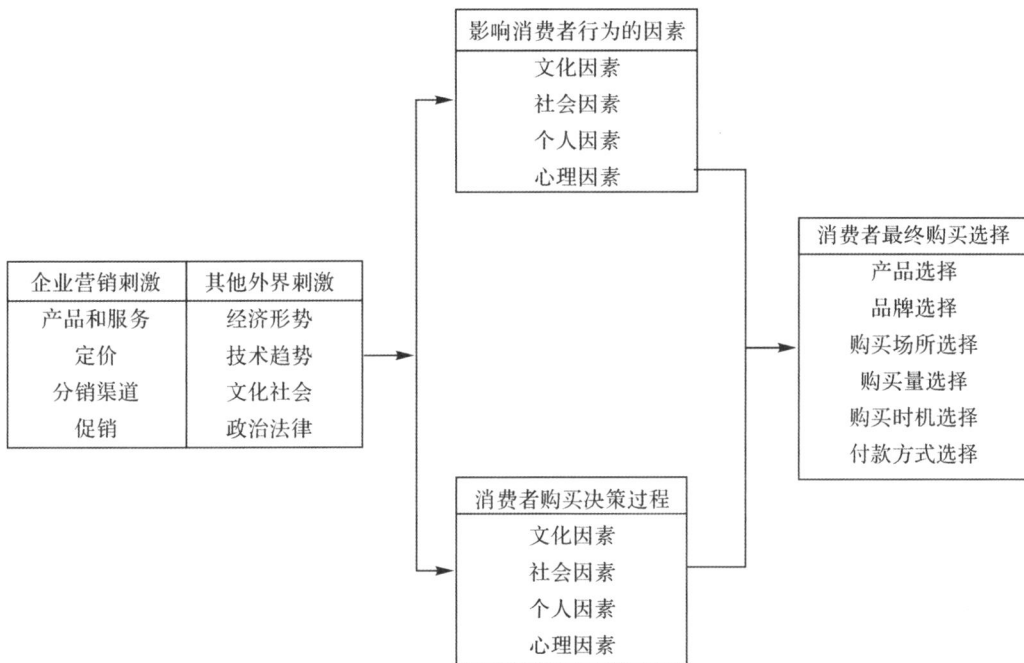

图 2-1　消费者购买行为模式

这一模式表明，购买行为的发生首先由外界情境刺激引起。这种刺激包括两种：一是企业所能控制的营销因素，即产品、价格、分销、促销对消费者产生的刺激；二是企业不能控制的宏观环境因素，即经济、技术、政治、文化对消费者的刺激。这些刺激进入消费者的意识领域后，基于购买者的不同个人特征，在思想意识里受到这些个人特征的影响，进而作出购买决策和发生相应购买行为。

企业营销人员就是要探究外界刺激进入消费者思想意识领域后，受个人特征影响消费者会作出何种反应，并作出购买决策的，从而明确消费者购买行为的形成过程，并能自如地运用刺激—反应模式达到营销目的。

第二节　影响厨柜消费者购买行为的主要因素

学习目标

了解影响消费者购买行为的各种因素，从根源上洞悉厨柜消费者心理，选择合适的营销策略和适销对路的产品。

【重点】
1. 影响消费者购买行为的因素
2. 通过对消费者因素的了解和分析为厨柜企业服务

【难点】
综合考虑影响消费的各种内外因

任务讲解

影响消费的因素各式各样，只有了解消费者关心的各类因素才能更好地为营销服务。

一、内外部因素

影响消费者购买行为的非经济因素主要有内外两个方面（如图2-2）。外部因素主要有：消费者所处的文化环境，消费者所在的社会阶层，消费者所接触的各种社会团体（包括家庭），以及消费者在这些社会团体中的角色和地位等。内部因素则是指消费者的个人因素和心理因素。个人因素包括消费者的性别、年龄、职业、教育、个性、经历与生活方式等；心理因素包括购买动机、对外界刺激的反应方式、学习方式以及态度与信念等。这些因素从不同的角度影响着消费者的购买行为模式。

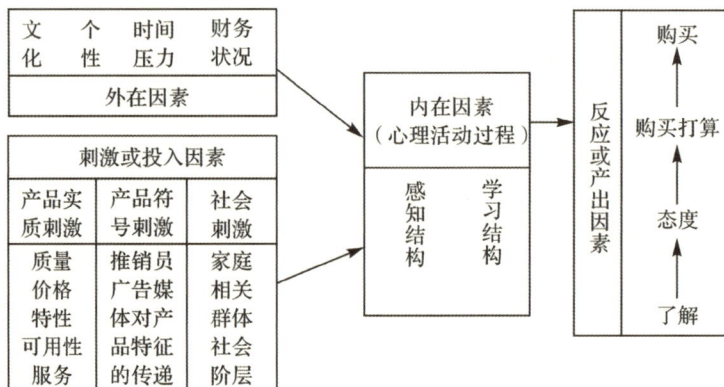

图2-2　影响消费者购买行为的因素

二、文化因素

(一)文化影响

文化是影响消费者需求和行为的最基本因素，每个人意识形态的形成都受文化因素的影响，而人的意识形态总是自觉或不自觉地影响着消费者对商品的评价和选择。社会文化可根据一定的标准划分为若干亚文化群，主要有民族亚文化群、宗教亚文化群、种族和地理亚文化群，处于不同亚文化群的消费者由于受特殊的文化影响，有不同的风俗习惯，因而具有不同的消费需求和购买行为。

第一，文化具有很明显的区域属性。生活在不同地理区域的人们文化特征会有较大差异，这是由于文化本身也是一定生产方式和生活方式的产物。同一区域的人们具有基本相同的生产方式和生活方式，能进行较为频繁的相互交流，故能形成基本相同的问题特征。

第二，文化具有很强的传统属性。文化的遗传性是不可忽略的。由于文化影响着教育、道德观念甚至法律等对人们的思想和行为发生深层次影响的社会因素，所以，一定的文化特征就能够在一定的区域范围内得到长期延续。例如：可口可乐公司在我国新春佳节推出的电视广告，可谓"中国味"十足。泥娃娃、春联、四合院、红灯笼、鞭炮等，一切充满传统节日色彩的元素以木偶片的形象表现出来，极具观赏性。片中的大瓶塑料装可口可乐自然融入其中，恰到好处，对联、红包、泥娃娃抱大鱼都是春节的吉祥物，泥娃娃阿福是新春广告片的主角，而泥娃娃手中的大鱼则被可口可乐所取代。由此可见，可口可乐对于中国市场的重视已经从内到外全方位展现，它充分运用本土文化，使它的"产品印象"深深扎根于中国消费者心中，于是可口可乐不仅在中国"传统节日——春节"里成为深受人们欢迎的饮料产品，而且有力地促进其产品在中国市场的稳定和拓展。

第三，文化具有间接影响作用。文化对人们的影响在大多数情况是间接的，它往往先影响人们的生活和工作环境，进而再影响人们的行为。上个世纪 80 年代，一些外国家电企业首先在中国举办"卡拉 OK"之类的民间自娱自乐活动，形成了单位或家庭自娱自乐的文化氛围，进而在中国成功引进了组合音响、家庭影院等家电产品，这就是利用文化间接影响作用的典型范例。

(二)亚文化

亚文化是指存在于一个较大社会群体中一些较小社会群体所具有的特色文化。所谓的特色表现为语言、信念、价值观、风俗习惯的不同。亚文化包括不同国籍、宗教、种族和地区的文化。许多亚文化都是重要的细分市场，营销人员需要为这些市场专门设计产品和营销方案。

(三)社会阶层

美国一些社会学家根据人们的职业、收入、财富、教育水平等变量把美国社会划分为六个阶层。我国处于社会主义初级阶段，由于每个人在职业、收入、所受教育等方面存在着差异，因而客观上也存在社会地位上的差别，存在不同的社会阶层。同一社会阶层中的消费者，往往具有相类似的行为标准、价值观，而在不同社会阶层中的人，其行为标准、价值观就存在较大的差异，因而在商品需求方面也表现出差异性。据此，企业可以根据自己的资源，选择一定的社会阶层作为目标市场，并根据其特点安排产品、价格、渠道、促销等市场营销手段，努力满足目标市场的需求。

三、社会因素

（一）相关群体

所谓相关群体，是指对某个人的态度或行为有直接或间接影响的群体。一个人的消费习惯、生活方式，对产品和品牌的选择，都在不同程度上受相关群体的影响，主要表现在：

（1）相关群体为每个人提供新的消费行为和新的消费方式选择。如当某个人的同事购买了一台电脑后，这个人也许会产生或强化购买电脑的动机。

（2）因为多数人都有从众心理，所以相关群体对人们行为"一致性"产生压力，从而影响人们对产品和品牌的选择。

值得市场营销人员注意的是，人们购买不同产品和挑选不同品牌受相关群体的影响程度是不同的。消费者在购买汽车和彩电等商品时，选择品牌深受相关群体的影响，消费者在购买家具、服装和香烟时也在一定程度上受相关群体的影响，而日用品的购买则受相关群体的影响较小。

相关群体中存在一种"意向领导人"，即对部分消费者具有很大影响力的人，如一些电影明星、体育明星、节目主持人，他们的喜好、服饰、形象、消费方式往往被许多崇拜者所模仿。

因此，企业营销人员应努力寻找并确定目标市场的"意向领导人"，摸清他们的人文和心理特征，了解他们经常接触的公共传播工具，发布他们容易接受的消息，使这些人成为企业的目标听众、观众和产品使用者，在可能情况下，直接利用"意向领导人"参与促销活动。

（二）家庭因素

家庭是社会的细胞，也是社会中最重要的消费品购买组织。企业营销人员要注意家庭中丈夫、妻子和孩子在购买不同产品和服务时所起的作用和影响。一般地说，作为家庭主妇的妻子是家庭主要采购者，特别是对食品、服装和其他日用品的采购往往有很大的决策权，而对价格昂贵的产品的购买决策，往往由丈夫或由丈夫和妻子共同商量决定。一些调查表明，主要由丈夫做购买决策的产品和服务有：保险、汽车、电视机、烟酒等。主要由妻子决定的产品和服务有：洗衣机、厨房用品、食品柜、服装等。夫妻共同决策的产品和服务有：家具、家电、旅游和房间装饰等。营销人员需要了解，对于某种特定产品来说，家庭中的哪个成员是较重要的决策者，以便有针对性地选择广告媒体、运用广告语言和其他有效的市场营销手段。

四、个人因素

在相同的社会文化环境下的消费者仍有不同的购买行为，其中一个原因就是消费者的购买决策还要受个人因素的影响，特别是消费者的年龄和所处家庭生命周期阶段、职业、经济状况、生活方式、个性和自我观念，它们对消费者购买决策的影响最为明显。

（一）消费者的年龄和所处家庭生命周期阶段

因为年龄和一个人的心理、生理特征有着密切的关系，所以消费者对产品和需求会随着年龄的变化而变化。

与年龄有密切关系的一个概念就是家庭生命周期。家庭生命周期一般可分为以下阶段：
（1）未婚阶段。
（2）新婚阶段。
（3）"满巢Ⅰ"阶段，即有 6 岁以下幼儿。
（4）"满巢Ⅱ"阶段，即最小的孩子已超过 6 岁。
（5）"满巢Ⅲ"阶段，即子女已大，但尚未独立。
（6）"空巢"阶段，即子女已独立成家。
（7）独居阶段。

在家庭生命周期的不同阶段，消费者的经济状况和对商品、服务的需求是不同的。例如，未婚阶段消费者一般没有多大负担，又处于广泛社交的时期，所以往往喜爱时新商品，注重美化自己；而在婚后有了子女，会增加多方面的需求，消费负担较重，此时开始偏爱经济实惠的产品。企业的营销人员应该了解目标市场消费者主要处于家庭生命周期的哪个或哪几个阶段，以便制定与之相适应的营销决策。

（二）职业

个人的消费模式受职业的影响是极为明显的。例如，一般工薪收入者将大部分收入用于购买食品、服务、家具和室内装饰；农民则将大部分收入用于盖房；教师则必须购买较多的书籍、杂志、报纸，追求较多的文化生活。正因为同种职业的人往往有相类似的需求，而不同职业的人的需求差异较大，企业就要为不同职业的消费者生产经营各种不同的产品。

（三）经济状况

消费者的经济状况在很大程度上决定其对产品的选择。经济状况包括消费者的收入、储蓄、财产以及贷款能力等。企业的营销人员对于那些受经济状况影响较大的商品，要密切注意消费者收入、储蓄、利息率等的变化趋势，当目标市场消费者的经济状况发生较大变化时，企业就应采取相应措施，对产品进行重新设计、定位、调整价格，以便继续吸引目标消费者。

（四）生活方式

生活方式通过一个人的日常起居活动、兴趣和观点等方面表现出来。不同生活方式的消费者对商品的价值观、需求也不同。例如，过去我国城市居民都去公共浴室洗澡，现在由于煤气的普及和太阳能的开发，相当部分家庭更愿在家里解决洗澡问题，这就大大增加了各类热水器的需求。企业的营销人员就是要为创造自己生活方式的"艺术家"——顾客，提供各种"素材"，使他们能创造出精美的"艺术"作品。

（五）个性和自我观念

消费者的个性类型和消费者对产品和品牌的选择有很大的相关性。例如，"外向"型消费者爱表现自己，喜欢参加社交活动，求新心理较强，往往是新产品的首批购买者；而"内向"型消费者社交活动少，求新心理不强，不愿强烈表现自己，一般喜欢购买大众化的产品。每个人对自己都有一幅心理图画，即立志使自己成为一个什么样的人，或者希望别人把自己看成是什么样的人，这就是自我观念。许多消费者在采购商品时，都要同自我形象对照，要考虑是否能保持或美化自我形象，当商品同自我形象一致时才会做出购买行为。

五、心理因素

（一）动机

动机是由需要引起的。每个人在特定的时间里有许多需要，大部分需要不会形成动机，不会激发人们为满足需要而采取行动，只有当需要达到很强烈的紧张程度时，才会转化为动机，某种需要得到满足后，紧张状态才会消除。

心理学家提出许多有关人类动机的理论。其中最著名的是美国心理学家马斯洛的"需要层次"理论（如图2-3）。他的基本观点如下：

1. 人类的需要具有层次性

根据不同时期对需要的不同追求，人们的所有需要可分为五个层次。第一层次是生理需要，这是最基本的需要，包括衣、食、住、行等方面的需要；第二层次是安全需要，为了保证人身安全而对保险、保健、饮食卫生等的需要；第三层次是社会需要，如希望加入某一组织的归属感、友谊、爱情等需要；第四层次是尊重的需要，包括自尊心、名誉、地位、受人尊重等需要；第五层次是自我实现的需要，即希望能发挥自己的才能、实现自己的抱负。

2. 一般情况下，人们在满足了低层次的需要后才会追求较高层次的需要

如对于一个将要饿死的人来说，它首先要满足的是生理需要，而不会立即追求要实现自己的抱负，也不会追求名誉、地位、友谊和爱情，甚至会忽视安全的需要，食用一切能消除饥饿的东西。

马斯洛从人的需要为出发点研究人的动机，这是符合逻辑的。当然，对于特定环境和具体的人而言，并不一定同马斯洛需要层次理论相一致，但作为一般的原理，它对企业营销活动是有指导意义的。根据这一理论，企业必须了解其目标市场消费者现时主要追求什么？他们的哪些需要尚未得到满足？然后根据其需要安排市场营销刺激，促使他们产生购买动机，进而做出购买行为。

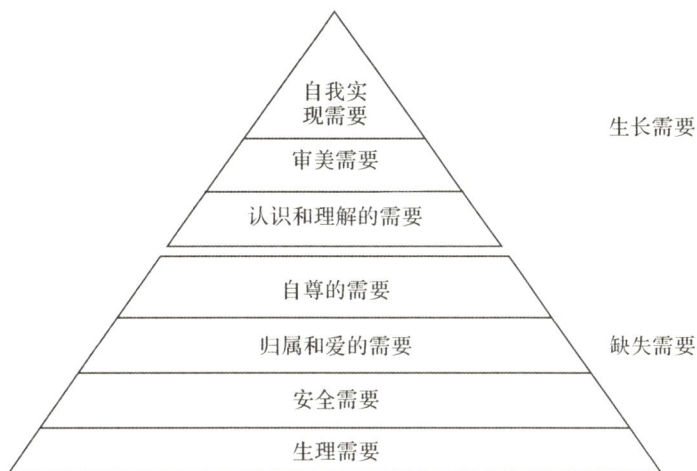

图 2-3　马斯洛需求层次图

六、认　知

认知是一种基本的心理现象，是人们对外界刺激产生反应的首要过程：人们不会去注意没有认知的事物，也不可能去购买没有认知的商品。只有注意到某一商品存在，并与自身需要相联系，购买决策才有可能产生。

认知是一种人的内外因素共同作用的过程，取决于两个方面：一是外界的刺激，没有刺激，认知就没有对象；二是人们的反应，没有反应，刺激就不能发挥作用。从消费者行为角度来看，唤起认知的主要是销售刺激。销售刺激分为两类：第一类是商品刺激。刺激源是商品本身，它包括商品的功能、用途、款式和包装等。第二类是信息刺激，即除商品外各种引发消费者注意和产生兴趣的信息，包括通过广告、宣传、服务及购物环境等表现出来的语言、文字、画面、音乐、形象设计，等等。

 营销小课堂

和尚买梳

有四个营销员接受任务，到庙里推销梳子，第一个营销员空手而回，说到了庙里，和尚说没头发不需要梳子，所以一把都没有销掉。

第二个营销员回来了，销售了十多把，他介绍经验说："我告诉和尚，头要经常梳梳，可以止痒，头不痒也要梳，可以活络血脉，有益健康。念经念累了，梳梳头，头脑清醒。这样就销售了十来把。"

第三个营销员销售了百十把。他说："我到庙里去，跟老和尚说，您看这些香客多虔诚呀！他们在那里烧香磕头，磕了几个头起来头发就乱了，香灰也落在他们头上。如果您在每个庙堂的前堂放一些梳子，他们磕完头就可以用来梳梳头，这会让他们感到这个庙关心香客，下次还会再来。这一来就销售掉百十把。"

第四个营销员销售掉好几千把，而且还有订货。他说："我到庙里跟老和尚说，庙里经常接受人家的捐赠，得回报人家，买梳子送给他们是最便宜的礼品。您在梳子上写上庙的名字，再写上三个字'积善梳'，说可以保佑对方，这样可以作为礼品储备起来，香客来了就送，保证庙里香火更旺。这一下就销售掉好几千把。"

表2-1 感情动机驱使下的购买心理

心理类型	具体表现	代表人群	接待要点
求名心理	为显示自己地位和威望，追求名牌为特征；购买多倾向于高档、名贵。特点是购买力强，重视售后服务	中青年	注重强调商品的品牌和售后服务
从众心理	受希望与自己应归属的圈子同步的心理支配而产生的购买心理。购买时易受别人影响	女性消费者	关注并说服陪同购买者，在展厅营造"热销"气氛
癖好心理	以自己的生活习惯和爱好为原则，倾向比较集中，行为比较理智，表现"胸有成竹"	老年人	探询顾客的需求，推荐其满意的商品
猎奇心理	追求商品奇特，追求新颖为主要目的。喜欢追求新享受、乐趣和刺激，喜欢新消费品，努力寻求商品新的质量、功能和款式	年轻人	重点介绍商品新的生产工艺及特别功能，进而吸引此类顾客
尊重心理	重视受到的待遇、服务，若受到重视程度超过顾客预期，顾客会忽略商品质量和价格。动机核心是"尊重"和"受重视"	大多数消费者	提供真诚、优质的服务

销售活动中，影响顾客购买行为的不只是一种购买心理，而是多种购买心理同时存在。

聪明的销售顾问能够最大程度掌握顾客的购买心理，并找出其中最主要的。因此，要求销售顾问通过察言观色和询问顾客来了解顾客的购买需求与购买心理，运用商品展示、促销活动等有的放矢地开展销售。

（一）分析顾客的成交心理

1. 对商品的心理需要

针对顾客对商品的心理需求进行商品功能等方面的强化，往往会收到意想不到的效果。具体的分析如下：

表 2-2　顾客的成交心理

需求类型	主要表现	接 待 要 点
对便利的需求	使用方便；购买快捷，手续简单；保养简单	1. 创造便利的购物条件 2. 推介商品时，强调商品的使用和存放上的方便，以激发顾客对便利性的需要，促成顾客的购买行为
对质量、安全的需求	要求商品高质量、精致，能保证安全、有益健康，对身心无害	重点强调产品选材精良、制作考究、质检严格等，并辅以完善的售后质量保障，消除顾客对商品质量和安全性等方面的顾虑
对商品新、奇、怪、美的需求	追求个性，与众不同；时尚、前卫等	1. 及时将商品个性信息传达给顾客，促使顾客下定决心购买 2. 根据顾客的个性特点，重点强调商品某方面的特征，正好与顾客匹配
对商品价格选择的心理需求	结果是影响顾客购买的敏感因素，或者求廉，或者求贵	1. 对于有求廉心理的顾客，要向其推荐相对便宜的商品，以吸引购买 2. 对于炫富的顾客，向其推荐价格高的商品，价格越高，对其刺激越大

2. 顾客对满意的心理需要

人们总是希望得到别人的称赞来满足自己的虚荣、自尊心理。销售顾问必须掌握人性的这种特质，否则，可能自己费了很大功夫，也得不到顾客的合作。

小常识

如何适当的赞美

（1）适时称赞顾客孩子、丈夫或妻子

对带孩子的顾客，销售顾问要能够适时地赞美一下顾客的孩子，满足顾客的自豪感，就可能迅速与顾客建立良好的人际关系，对于销售的成功有很大帮助。反之，顾客感觉没面子，甚至可能拒绝购买商品。

同样，如果夫妻一同购买商品，要学会赞美他们的妻子或丈夫，以赢得他们的好感。

（2）对顾客的选择和观点给予称赞

销售顾问在销售过程中对顾客的称赞，主要分为以下 4 种情况：

表 2-3　顾客不同观点的正确接待

实际场景	顾客问题观点	正确的接待和用语
顾客提出与购物无关的问题	如家人情况、家庭状况、所见所闻等	热情地表示赞同，如"您真幸福，儿女那么有出息！""您身体这么硬朗，真是好福气啊！"
顾客提出的问题确实存在且能解决	如质量问题、维修问题、使用等	表示赞同，并表示忠心感谢，如"先生，您说的没错，我们也意识到这个问题，正在改进呢，谢谢您！"
顾客提出的问题不切合实际	顾客可能想通过这些问题达到降价优惠等目的	不能直接反驳，应先接受下来，然后再婉转地给予解释。如"您说的没错，我也有同感，不过那是几个月前做活动时的事情了。"
顾客决心购买	想得到称赞，增加购买满意度	称赞顾客最具眼光，其选择是完全正确的，如"您真会选东西，这个产品非常适合您这样有身份、有品位的成功人事！"

（二）分析顾客类型

在日常销售工作中，销售顾问应细心留意每一位顾客的特点，进而归纳总结，不断积累销售经验。可以从 3 个角度分析顾客类型。

（1）按顾客的行为方式划分：为走马观花型、一见钟情型和胸有成竹型。

（2）按顾客的个性特点划分：为忠厚老实型、冷静思考型、内向含蓄型、圆滑难缠型、吹毛求疵型和生性多疑型。

（3）复数顾客：购买者与亲人、朋友、设计师等一同购买是很常见的现象。

销售顾问在接待中首先要能分辨谁是决策者，谁是辅助决策者，谁是使用者。销售顾问要善于取得决策者的认可，同时取得辅助决策者的支持及使用者的赞同。

特别提醒销售顾问，在接待顾客过程中，千万不要忽视顾客同伴，有些顾客在选择商品时，会把同伴提供的意见与建议当作真理。

（三）不同顾客的消费差异

1. 不同行为方式顾客的消费差异：

（1）走马观花型

行为特点：东张西望，边走边看，你一问，他就说"我只是随便看看。"

接待要点：不要问他"你想买什么"，而是先热情打个招呼，然后随便找个话题与顾客接近，如"这有您感兴趣的吗？"

重视这类顾客，不要放弃，要记住：这类顾客虽然可能自己不清楚要买什么，但是他们不会无故跑到展厅里来，如果销售顾问向他们介绍一些感兴趣的东西，可以使他们有宾至如归的感觉，这一次受到欢迎，肯定会再次光临。

（2）一见钟情型

行为特点：当对某种商品感兴趣时，会表露出中意的神情并询问。

接待要点：适时地说明商品的新奇、特别之处，增强顾客的购买欲望；适当再推荐几种款式和样式，给顾客多些选择，让顾客有亲切感。

（3）胸有成竹型

行为特点：直奔商品而来，多为已决定购买某种商品；只简单询问便会付款。

接待要点：不必对商品进行详细解说，除非顾客提出要求；不要在顾客面前唠叨。通过走路方式、眼神、面部表情和说话来判断这类顾客。

2. 不同个性顾客的消费差异

（1）冷静思考型

行为特点：沉稳、思维严谨、不易被外界干扰，有时会以怀疑的眼光观察销售顾问或提出几个问题；由于过于沉静，会给销售顾问压抑感；不会过早地暴露自己的心态和想法；大都具有相当的学识，而且对产品也有基本的认识和了解。

接待要点：抓住产品的特点，多方面举例、比较、分析，将产品的优点及特征全面地展示给顾客，获得顾客的理性支持；注意倾听顾客的每一句话，且铭记在心，并诚恳而礼貌地给予解释，用精确的数据、恰当的说明、有利的事实来博得顾客的信赖。

可根据需要与顾客聊聊自己的背景，让顾客放松警戒并增强对导购的信任感。

（2）内向含蓄型

行为特点：对外界事物反应冷淡，面对销售顾问反应不大，对导购人员的态度、言行、举止异常敏感，并讨厌销售顾问的过度热情。

心理特点：对任何事情都不感兴趣，害羞，怕见生人，遇到销售顾问，心理总嘀咕"他会不会问一些令人尴尬的事呢？"因为他深知自己易被销售顾问说服，因而总害怕销售顾问在自己面前出现。

接待要点：谨慎而稳重，细心观察顾客的情绪、行为方式的变化，进而改变自己的应对方式；真诚、坦率地称赞此类顾客的优点，迅速与之建立信赖关系。如根据情况，销售顾问可以跟顾客谈谈自己或新近发生的比较愉快的新闻；谈话时，可稍微提及有关顾客工作上的事，切忌提及顾客的其余私事，或者改变一下谈话环境，促使其放松戒心。

（3）忠厚老实型

行为特点：无论销售顾问说什么，他都点头微笑，连连称好；没有主见；内心有"拒绝"的界限，但当销售进行商品解说时，他会认为言之有理而不停点头认可，甚至还会加以附和。

接待要点：友好接待，每一次都要组织好语言，语气坚定，表现出自己的专业，让顾客信服；想办法让顾客点头说好，销售可以这样说："怎么样，你就买这一套吗？"这种突然发问会瓦解其防御心理，在不自觉中完成交易。

（4）吹毛求疵型

行为特点：不认输，通过攻击对方来获得优越感，掩盖自己的弱点；旁观者清，一般都是无意购买者，但他们愿意在旁边指手画脚，攻击别人的缺点；自以为是、固执、自尊心强，不愿意承认别人的意见是正确的。

接待要点：切忌与这类顾客发生争执；采取迂回战术，假装辩解几句然后宣布失败，心服口服地称赞对方高见，独具慧眼等；吹捧过后，若顾客仍然不停地发表观点，以示自己的高明，销售顾问最好随声附和，或者认真倾听，直到顾客感到不好意思，甚至心虚而停止发言。这时销售顾问可抓住时机，引入销售正题，顺便给他戴高帽子，定能成交。

（5）生性多疑型

行为特点：上下打量销售顾问，仿佛要把他们看透；在销售顾问询问或介绍产品时，他们可能神秘地冲你笑笑，好像什么隐秘已被他看破了似的；有时会因为一句话不合意而拂袖离去。

接待要点：以亲切的态度与之交谈，不要和顾客争辩，更不要向他施加压力；解说时要态度沉着、言语诚恳、细心观察顾客的行为变化，适时送上朋友式的关怀："我能帮你什么忙吗？"；运用数据、权威机构评价、鉴定等说服力强的证据，使这类顾客信服。

（6）圆滑难缠型

行为特点：面谈时总是先固守阵地以立于不败，然后向销售顾问索要各种资料和说明，并提出各种尖刻问题；提出各种附加条件，待条件得到满足后，他又找借口继续拖延、砍价，有时还会以另找地方购买相威胁，其目的有两个：一是试探销售顾问，检查其销售水平；二是确实想获得一定的购买优惠。

接待要点：销售顾问可观察其购买意图，然后制造紧张气氛——如即将调价，使顾客觉得只有马上购买才能有利可图；对于他们提出的苛刻条件，销售顾问应尽力绕开，不予正面回答，重点宣传自己产品的功能和特点；可适当制造些僵局，让顾客感觉销售顾问已经做出最大让步，使顾客先软下来。

3. 不同性别顾客的消费差异

（1）女性顾客

购物特点：

——追逐时尚、美感，注重商品外观；天生的爱美心理，追赶时髦和美丽是女人永恒的主题。在选购产品时，更侧重于外观、款式和包装设计，有时只凭着对颜色、式样的直觉判断出商品的好坏。

——容易受外界影响，尤其是情绪影响，购物具有冲动性；女性感情丰富，富于幻想和联想，因此在选购产品时就表现为易受感情、情绪的左右。现场气氛、广告宣传、陈列布置、销售顾问的服务态度及他人的购买行为都会对她们产生影响。

——挑剔，精打细算又贪图便宜；女性比男性更精打细算，购买时左思右想，货比三家等；对价格变化敏感，对打折优惠的商品有着浓厚的兴趣；挑选商品时十分细致，不能有一丝一毫的残损。

——易受身边人的意见影响，乐于接受身边陪同人员的意见和建议；乐于接受销售顾问的建议。

接待要点：

——女性顾客容易感情用事，销售顾问在与她们交流时应做到：举止大方得体，不卑不亢，服装整洁，谈吐文雅，做事干脆利落，快捷迅速。

——女性顾客容易爱慕虚荣，销售顾问要注意适当地评价赞美她们，博得她们的好感。

——因女性顾客做事优柔寡断，销售顾问要以爽朗、明快的态度请她自己做决定或让她的同伴帮助决定，切不可用强迫性的口气来说"你应该这样"，"你就买这个吧"。

——因女性顾客对利害得失非常敏感，销售顾问可以采用"物美价廉"和"经济实惠"的暗示方式与其达成交易。

——因女性顾客攀比心重，惟我独尊的个人观念比较强烈，销售顾问在销售过程中要让她们感觉到"我是特意来为你服务的"。这是一种比较有效的销售方式。

（2）男性顾客

购物特点：

——购买目的明确，通常在购买前有明确的计划，然后按计划行事。

——购买行为果断、迅速。独立、自信、行为果断，极少有耐心去精心挑选和详细咨询，也不喜欢销售顾问过分热情和喋喋不休地介绍；男性顾客自尊心强、好胜，非常要面子，在购买时不愿过多讨价还价。

——注重性能和质量。明显的求实、求稳的心理很强；善于从总体上评定商品的优缺点，注重商品质量、性能等方面；一旦选择了购买对象就不会轻易改变和动摇。

接待要点：

——已婚男青年：消费需求趋向于实用性、超前性、艺术性和趣味性；把握他们追求新潮、科学实用且购买量大、时间集中的购物特点，营造艺术性、趣味性浓烈的购物氛围。

——中老年男性：购物时间长，动作迟缓，经常提出带有试探性的问题，并希望得到良好的服务和应有的尊重；提供更多、更实际和细心的服务。

七、学　习

学习，亦称"后天经验"。消费者的购买动机不是先天形成的，而是通过不断学习和经验的积累之后形成的相应学习过程。

一个人对事物的熟悉是通过驱使力（某种需要）、刺激物（满足需要的产品或服务）、提示物（一种更具体的刺激物）、反应（需要得到满足的感觉）和强化（加深印象）这一系列过程而形成的。

据此，企业营销人员要善于把本企业的产品（刺激物）和消费者的"驱使力"联系起来，使用各种促销手段使消费者能获得有关"提示物"的信息，并积极地进行"强化"工作，坚定消费者购买的信心，使之成为企业的常客。

八、信念和态度

消费者通过购买行为和学习的过程，形成一定的信念和态度，这又反过来影响消费者新的购买行为。这里的信念是指一个人对某一事物的信任程度，而态度是指一个人对某一件事物的认识、评价、感情、行为意向等。消费者一旦树立起对某种产品的信念，是很难改变的，具有相对稳定性。因此，企业要了解目标市场消费者对本企业产品的信念和态度，并利用各种手段促使消费者的信念和态度向有利于本企业的方向发生转化。

态度具有三个明显特征：

第一，态度具有方向和程度。态度具有正反两种方向，正向即消费者对某一客体感到喜欢，表示赞成；反方向即消费者对某一客体感到不喜欢，表示不赞成。程度就是消费者对某一客体表示赞成或不赞成的程度。

第二，态度具有一定的结构。消费者态度是一个系统，其核心是个人的价值观念。各种具体的态度分布在价值观念这一中心周围，它们相对独立，但不是孤立存在，而是具有一定程度的一致性，都受到价值观念的影响；离价值中心较近的态度具有较高向心性，离中心较远的态度则向心性较低。形成时间较长的态度比较稳定，新形成的态度比较容易改变。

第三，态度是学习而来的。态度是经验的升华，是学习的结果，包括自身学习和向他人学习。消费者自身的经历和体会，同样会对人们的态度产生正面或反面的影响。

相对态度而言，信念更为稳定。使消费者建立自身产品的积极信念应当是企业营销活动的主要目标。而消费者如果对竞争者的产品建立了信念，则会对企业构成很大威胁。从某种程度上讲，建立和改变消费者的信念就是对市场的直接争夺。

第三节　厨柜消费者购买决策过程

学 习 目 标

了解顾客如何做出购买决策，具备分析顾客在消费过程中所属决策导向的能力。

【重点】
1. 厨柜消费者参与购买的主要角色
2. 厨柜消费者购买行为类型
3. 厨柜消费者购买决策过程

【难点】
厨柜消费者购买决策过程

任 务 讲 解

要了解消费者如何作出决策，必须认清三个方面的内容：一是有谁参与购买决策；二是购买行为类型；三是购买过程的主要阶段。

一、厨柜消费者参与购买的主要角色

一个购买决策的形成，是由多个人共同参与做出的。一般来说，参与购买决策的成员大体可分为 5 种主要角色。

（1）发起者，即最先建议或想到购买某种产品或服务的人。

（2）影响者，即其看法或建议对最终购买决定有相当影响的人。

（3）决策者，即对是否购买、怎样购买有权进行最终决定的人。

（4）购买者，即进行实际购买的人。

（5）使用者，即实际使用或消费所购产品或服务的人。

认识购买决策的参与者及其可能充当的角色，对企业营销活动具有十分重要的意义。

一方面企业可根据各种不同角色在购买决策过程中的作用，有的放矢地按一定的程序分别进行营销活动。另一方面也必须注意到某些商品的购买决策中的角色错位，如男式的内衣、剃须刀等生活用品会由妻子决策和采购；儿童玩具的选购，家长的意愿占了主导地位。这样才能找到准确的营销对象，提高营销活动的效果。

二、厨柜消费者购买行为类型

根据消费者对产品的熟悉程度和购买决策风险大小，可以将购买行为分为以下四种类型，如图 2-4 所示。

对产品的熟悉程度 购买决策风险	低	高
高	复杂性购买行为	选择性购买行为
低	简单性购买行为	习惯性购买行为

图 2-4　购买行为的类型

（一）复杂性购买行为

对于那些消费者认知度较低、价格昂贵、购买频率不高的大件耐用消费品，由于价格昂贵，购买决策的风险就比较大，购买决策必然比较谨慎，加之消费者对产品不够熟悉，需要收集的信息比较多，进行选择的时间也比较长。

（二）选择性购买行为

同样是价格比较昂贵的商品，有较大的购买决策风险，但是由于消费者对此类商品比较熟悉，知道应当如何进行选择。因此在购买决策时无需再对商品的专业知识做进一步的了解，而只要对商品的价格、购买地点以及各种款式进行比较选择就可以了。

（三）简单性购买行为

对于某些消费者不太熟悉的新产品，由于价格比较低廉，购买频率也比较高，消费者不会花费很大的精力去进行研究和决策，而常常会抱着"不妨买来试一试"的心态进行购买，所以购买的决策过程相对比较简单。

（四）习惯性购买行为

对于某些消费者比较熟悉而价格又比较低廉的产品，消费者会采用习惯性购买行为，即不加思考地购买自己惯用的品种、品牌和型号。若无新的、强有力的外部吸引力，消费者一般不会轻易改变其固有的购买方式。

了解购买行为的不同类型，有助于企业根据不同的产品和消费者情况，去设计和安排营销计划，知道哪些是应当重点予以推广和宣传的，哪些只要作一般的介绍，以使企业的营销资源得到合理的分配和使用。

三、厨柜消费者购买决策过程

消费者的购买决策是在特定心理驱动下，按照一定程序发生的心理和行为过程。这一过程在实际购买前就已经开始，一直延续到购买行为之后，是一个动态的系列过程。一般将消费者购买决策过程及内在心理过程（如图2-5）分为五个阶段：问题认识、信息调研、选择评价、购买决策、购后评价。

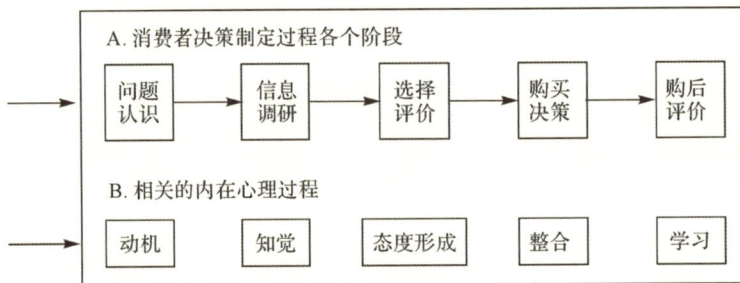

图 2-5　购买决策过程

（一）认识需要

消费者只有首先认识到有待满足的需求，才能产生购买动机。引起消费者认知需要的刺激主要来自两个方面：一种是人体内部的刺激，如饥饿、寒冷等；另一种是人体外部的刺激，如流行时尚、相关群体影响等。

现代市场营销研究认为，企业不能仅仅在交易行为上下功夫，而应从引起需求阶段开始，调查研究那些与本企业产品实际上和潜在的有关联的驱使力，以及按照消费者的购买规律，适当地安排诱因，促使消费者对本企业生产经营产品的需要变得很强烈，并转化为购买行动。

（二）收集信息

当消费者认识到自身的需求后，就会广泛收集有关信息。消费者的信息来源主要有四类：

1. 个人来源

消费者从家庭成员、朋友、邻居和其他熟人那里得到信息。

2. 商务来源

消费者从广告、推销人员、中间商、商品包装和商品阵列中获得信息。

3. 公共来源

消费者从大众媒体（如报纸、杂志、广播、电视、互联网）的宣传报道和消费者组织等方面获得信息。

4. 经验来源

消费者从亲自操作、实验、使用产品的过程中取得信息。

以上四种信息来源对消费者的影响程度是不同的。一般来说，消费者取得信息最多的是"商务来源"和"公共来源"，这是企业有可能支配的来源。而消费者认为可信度最高的是"个人来源"和"经验来源"。消费者通过收集信息，就会对市场上某种产品的一些品牌及其特色有一定的了解。

根据以上分析，企业面临的任务是：设计有效的市场营销组合策略，尽可能使企业经营的产品品牌突出自身产品的特点，增强其对消费者的吸引力，促使消费者购买本企业的产品。

（三）选择评价

评价各种可以替代的产品品牌。多数消费者都是从以下几个方面来评价替代物的：①产品特征②特征的重要性权数③品牌信念④实用性能。

例如："非典"时期，很多全国治疗传染病的专业医院在紧急时刻都选择了安装海尔空调。据了解，主要是因为海尔空调的过硬质量以及科学高效的安装服务和具备抗菌方面的独特优势赢得了这些"苛刻"特殊用户的信赖。海尔空调的所有产品均需经过十分严格的检验工序，小到元器件性能比较，大到整机性能测试，海尔空调可以说是"身经百战"。四大国家级实验室，150 多项国际认证，从根本上为大批量的产品提供了高质量和高可靠性的保证。

因为是隔离区，所以空调安装还有一个特殊情况，那就是空调一旦安装完毕无法再进行售后服务，所以，海尔空调星级服务网络紧急联动，为海尔空调优质高效地完成突击安装任务奠定了坚实基础。为了在第一时间安装调试好空调，产品还没到位，海尔服务人员就已先行出动，在工程现场实地考察医院房间结构、安装位置、常规风向等进行事先设计。同时，海尔空调独特的无尘安装、安全配电等星级服务措施为优质完成突击任务更奠定了有力的基础。

因为是特殊医疗机构，在选择时有关部门还考虑空调必须具备一定的健康功能。海尔推出了一系列的健康空调、氧吧空调、强力杀菌酶空调等。因其具有杀菌换气、健康呼吸功能，可以改变室内的空气质量，为广大患者营造最好的医疗条件，也能给医护人员创造最好的防护条件而受到特别的青睐，因此，大规模选购安装海尔空调完全在情理之中。

（四）购买决策

消费者通过评价选择，对某一品牌的产品产生了偏爱，这时，消费者就形成了"购买意念"，并准备购买自己偏爱的品牌，但从"购买意念"转变为"购买决策"过程中往往受两种因素的干扰。

第一种因素是"别人的态度"。"别人的态度"对消费者购买决策的影响程度取决于两个方面：一是别人对自己偏爱产品的否定程度，二是消费者对别人意见的接受程度。

第二种因素是"意外情况因素"。消费者一般是根据预期的家庭收入、产品价格和产品预期利益等因素形成对某种品牌产品的购买动机。但当消费者将要采取购买行为时，可能会出现某种意外情况，如家庭成员被宣布下岗，或某位朋友告知他准备购买的那种品牌的产品使用效果很差等。所有这些"意外情况因素"都会使消费者改变原来的购买意念，从而影响购买决策。

（五）购后行为

消费者购买了商品，并不意味着购买行为过程的结束，消费者购买商品后，最主要的感觉就是满意还是不满意，其购后的所有行为都基于这两种不同的感觉。

感到满意的消费者在后续行为方面会有积极的表现，包括向他人进行宣传和推荐该产品，并且自己也可能重复购买。而感到不满意的消费者行为就比较复杂，一般而言，若不满意的程度较低或商品的价值不大，消费者有可能不采取任何行动，但是如果不满意的程度较高或商品的价值较大，消费者一般都会采取相应的行动，向企业讨一个说法。

不满意的消费者所采取的一般是个人行为，如到商店要求对商品进行退换，将不满意的情况告诉亲戚朋友，以后再也不购买此种品牌或此家企业的商品等，此种行为虽然对企业有一定影响，但是影响的程度相对较小。不满意的消费者的另一种可能做法，就是将其不满意的情况诉诸公众，如向消费者协会投诉、向新闻媒体披露甚至告上法庭。这样的行为就会对企业造成较大的损失，企业应当尽可能避免这样的情况出现。事实上，即使出现消费者不满意的情况，企业若能妥善处理，也是能够使消费者转怒为喜的。如妥善处理好退换商品的工作，耐心听取消费者意见并诚恳道歉，公开采取积极的改进。

营销锦囊

俗话说，"无创新不成活"。众所周知，产品创新是企业生存法则的重要组成部分，厨柜企业唯有不断地在产品设计中注入新鲜元素，才能使企业在同质化严重的市场中脱颖而出。对于厨柜企业来说，产品创新不仅能扩大销售额，占领新的市场，获得更高的利润回报，而且对于处在激烈市场竞争中的企业，产品创新也是应对竞争、提高地位的重要手段之一。消费者是挑剔的，需求更是随时变动的，一款厨柜产品不会一直得到消费者的青睐。所以，厨柜企业须不断进行新品研发，迎合市场消费者的不同需求，才能让企业保持长久的生命活力，才能让厨柜企业在激烈的竞争中抢夺更广阔的市场。

——创新厨柜产品是当务之急

案例

方太管理原则及快乐奋斗者

方太集团崇尚儒家文化，在治理企业方面，将儒家思想与西方先进文化很好地融合，中西合璧为总纲，中学明道，西学优术，中西合璧，以道驭术。在管理上，追求德礼管理，道之以政，齐之以刑，民免而无耻。道之以德，齐之以礼，有耻且格。品德领导，为政以德，譬如北辰，居其所而众星拱之。仁道经营，修己以安人。领导人修炼，至于道，据于德，依于人，游于艺。

柏厨作为方太集团的事业部之一，在经营理念上遵从"以用户为中心，以员工为根本"。追求"人品、企品、产品"三品合一的核心价值观，在要求员工人品素质的同时，履行企业的社会义务，追求卓越的产品品质。作为方太集团高端厨柜品牌，深受用户及业界的好评。同时，公司提供良好的福利设施及设备，历届员工满意度调查结果显示了员工对公司企业文化的认可，以及员工对公司的较高忠诚度。企业工作学习氛围良好，追求快乐学习，快乐奋斗。

本章小结

本章着重论述了厨柜消费者市场与消费者购买行为模式，消费者购买决策过程，影响消费者购买行为的个体因素和环境因素以及消费者决策的其他理论。

消费者市场是个人或家庭为了生活消费而购买产品和服务的市场，具有与组织市场显著不同的特点。消费者购买行为研究模式中比较有代表性的是刺激—反应模式。消费者购买决策的一般过程可分为确认问题、信息收集、备选产品评估、购买决策和购后评价等五个阶段。营销人员的任务是了解消费者在购买决策过程不同阶段的行为特点，制定有效的营销策略促进消费者购买并提高购后满意度。

消费者购买行为受到个体因素和环境因素的影响。个体因素包括消费者的生理因素，如性别、年龄、健康状况和生理偏好等；心理因素，如消费者的认知过程；行为因素，即消费者已经发生或正在发生的行为对其后续行为的影响；经济因素，即消费者收入水平等。影响消费者行为的环境因素指消费者外部世界中影响消费者行为的所有物质和社会要素的总和，包括有形的物体、空间关系和他人的社会行为。

根据消费者购买参与程度和同类产品品牌差异大小，消费者的购买决策过程可分为复杂性购买行为、简单性购买行为、选择性购买行为和习惯性购买行为等四种类型。

情境因素指独立于单个消费者和单个刺激客体之外在特定场景和特定时点影响消费者购买行为的微观因素总和。按照消费者行为过程，情境可分为信息传播情境、购买情境和使用情境；按照对消费者行为产生影响的微观因素，情境可分为物质环境、社会环境、时间、购物目的与使用场合、先前状态等。通过拓展新的使用情境和把现有使用情境作为目标市场等方式可以提高市场营销活动效益。

拓展练习

思考题

1. 影响消费者行为的个体因素与环境因素有哪些？
2. 在消费者购买决策过程的信息收集阶段，企业的营销任务是什么？
3. 知觉有哪些性质？如何利用这些性质提高市场营销效益？
4. 动机产生的条件是什么？如何运用马斯洛需求层次论指导营销决策？
5. 如何识别不同的相关群体？
6. 产品需要程度与消费可见程度怎样影响相关群体？
7. 说明复杂性购买行为、简单性购买行为、选择性购买行为和习惯性购买行为产生条件以及相应的营销策略。
8. 如何通过使用情境分析提高市场营销效益？

第三章　厨柜定制营销

第一节　厨柜定制营销介绍

📖 **学习目标**

构建基于时间竞争的定制营销系统对顾客满意度、顾客忠诚度、顾客终身价值、顾客关系、顾客服务价值链的提升。

【重点】

1. 厨柜定制营销的概念
2. 厨柜定制营销的形式
3. 厨柜定制营销竞争优劣势分析

【难点】

厨柜定制营销的形式及优势

🔍 **任务讲解**

由于定制营销将每一位顾客视作一个单独的细分市场，直接导致市场营销工作的复杂化，使经营成本增加以及经营风险加大。技术的进步和信息的快速传播，使产品的差异日趋淡化，今日的特殊产品及服务，到明天可能就大众化了。产品、服务独特性的长期维护工作因而变得极为不易。

一、厨柜定制营销的概念

定制营销是指企业在大规模生产的基础上，将每一位顾客都视为一个单独的细分市场，根据个人的特定需求来进行市场营销组合，以满足每位顾客的特定需求的一种营销方式。现代的定制营销与以往的手工定做不同，定制营销是在简单的大规模生产不能满足消费者多样化、个性化需求的情况下提出来的，其最突出的特点是根据顾客的特殊要求来进行产品生产。

从营销实施的起点看，定制营销是"零起点"营销，而传统营销是"非零起点"营销，传统营销通常是利用较多库存缩短供货时间，而定制营销的库存较少甚至为零，导致供货周期较长，时间优势不明显。而客户在通过定制化获得优质的个性化产品和服务的同时，更希望企业提供的产品和服务准时、快捷，以减少其购买决策的不确定性，降低购买决策风险。这就要求企业在较短时间内作出快速的反应。正如 Raymond 等提出的"零时间"企业运作管理模式，"零时间"就是指能够立即满足顾客的需要，即意味着你的组织能即时行动和响应市场的变化。对于实施定制营销的企业而言，能否在"零时间"内即最短时间内或者在最准确的时间点上，提供顾客所需要的产品或服务，即时满足顾客的需要，形成定制营销时间竞争优势的途径就很重要。因此，构建基于时间竞争的定制营销系统对顾客满意度、顾客忠诚、顾客终身价值、顾客关系、顾客服务价值链的提升有十分重要的意义。

二、厨柜定制营销的形式

（一）信息化是定制营销的基础

定制营销的一个重要特征就是数据库营销，通过建立和管理比较完善的顾客数据库，向企业的研发、生产、销售和服务等部门和人员提供全面的、个性化的信息，来深刻地理解顾客的期望、态度和行为，以能够协同建立和维持一系列与顾客之间卓有成效的协同互动关系，从而可以更好更快捷地为顾客提供服务，增加顾客数据库价值。

一般来说，定制营销的方式有以下几种：合作型定制、适应型定制、选择型定制和消费型定制。企业要根据自身产品的特点和客户的需求情况，正确地选择定制营销方式，以取得时间优势。

（二）企业业务的外包

业务外包是某一公司（称为发包方），通过与外部其他企业（称承包方）签订契约，将一些传统上由公司内部人员负责的业务或机能外包给专业、高效的服务提供商的经营形式。业务外包的精髓是明确企业的核心竞争力，并把企业内部的智能和资源集中在那些有核心竞争优势的活动上，然后将企业非核心能力的业务外包给最好的专业公司。由于发包方和承包方专注于各自擅长的领域，更高的生产效率提供了更快捷的产品和服务，取得了时间竞争的优势。

（三）构建敏捷柔性的生产制造系统

敏捷制造（Agile Manufacturing）这一概念是 1991 年美国里海（Lehigh）大学亚柯卡（Iacocca）研究所提出的。

敏捷制造的特点：

（1）敏捷制造是信息时代最有竞争力的生产模式：它在全球化的市场竞争中能以最短的交货期、最经济的方式，按用户需求生产出用户满意的具有竞争力的产品。

（2）敏捷制造具有灵活的动态组织机构：它能以最快的速度把企业内部和企业外部不同企业的优势力量集中在一起，形成具有快速响应能力的动态联盟。

（3）敏捷制造采用了先进制造技术：敏捷制造一方面要"快"，另一方面要"准"，其核心就在于快速地生产出用户满意的产品。

（4）敏捷制造必须建立开放的基础结构。定制营销企业要构建敏捷制造系统，关键要从生产运作管理入手，完成生产经营策略的转变和技术准备；适当的技术和先进的管理能使企业的敏捷性达到一个新的高度，如先进加工技术、质量保证技术、零库存管理技术以及 MRP Ⅱ /ERP 等。

另外，满足客户个性化的需求，生产流程必须柔性化。企业的生产装配线必须具备快速调整的能力，使企业的生产线具有更高的柔性和更强的加工变换能力，从而使生产系统能适应不同品种、式样的加工要求。

总之，定制营销企业要想在竞争中取得优势，时间竞争是其不可回避的问题，企业通常需要在上述几种策略上进行整合，以获得定制营销的时间优势。

三、厨柜定制营销竞争优劣势分析

（一）与传统的营销方式相比，定制营销主要具有以下优点

（1）能极大地满足消费者的个性化需求，提高企业的竞争力。海尔的"定制冰箱"服务已充分说明这一点。

（2）以销定产，减少了传统营销模式中的库存积压，企业通过追求规模经济，努力降低单位产品的成本和扩大产量，来实现利润最大化。随着买方市场的形成，以前那种大规模生产同质产品，必然导致产品的滞销和积压，造成资源的闲置和浪费，定制营销则很好地避免了这一点。因为企业是根据顾客的实际订单来生产，真正实现了以需定产，因而几乎没有库存积压，这大大加快了企业资金的周转速度，同时也减少了社会资源的浪费。

（3）有利于促进企业的不断发展。创新是企业永葆活力的重要因素，但创新必须与市场及顾客的需求相结合，否则将不利于企业的竞争与发展。传统的营销模式中，企业的研发人员通过市场调查与分析来挖掘新的市场需求，继而推出新产品，这种方法受研究人员能力的制约，很容易被错误的调查结果所误导；在定制营销中，顾客可直接参与产品的设计，企业根据顾客的意见直接改进产品，从而达到产品技术上的创新，并能始终与顾客的需求保持一致，从而促进企业不断发展。而且在一定程度上减少了企业新产品开发和决策的风险。

（二）定制营销的缺点

当然，定制营销也并非十全十美，它也有其不利的一面。首先，由于定制营销将每一位顾客视作一个单独的细分市场，这固然可使每一个顾客按其不同的需求得到区别对待，使企业更好地服务于顾客。但另一方面也将导致市场营销工作的复杂化，经营成本的增加以及经营风险的加大。其次，技术进步和信息的快速传播，使产品的差异日趋淡化，今日的特殊产品及服务，到明天可能就大众化了。产品、服务独特性的长期维护工作因而变得

极为不容易。

定制营销的实施要求企业具有过硬的软硬件条件。首先，企业应加强信息基础设施建设。信息是沟通企业与顾客的载体，没有畅捷的沟通渠道，企业无法及时了解顾客的需求，顾客也无法确切表达自己需要什么产品，目前，Internet、信息高速公路、卫星通信、声像一体化、可视电话等的发展为这一问题提供了很好的解决途径。其次，企业必须建立柔性生产系统。柔性生产系统的发展是大规模定制营销实现的关键。这里所说的"柔性"是相对于 50 年代发展起来的硬性标准化自动生产方式而言的。柔性生产系统一般由数控机床、多功能加工中心及机器人组成，它只要改变控制软件就可以适应不同品种、式样的加工要求，从而使企业的生产装配线具有了快速调整的能力。第三，也是最重要的，定制营销的成功实施必须建立在企业卓越的管理系统之上。

第二节　厨柜市场如何实行定制营销

📖 学习目标

如何将定制营销与产品营销有机结合起来，了解定制营销的效益、产品生产、形成途径。

【重点】
1. 目标市场营销难以满足个性化需求
2. 厨柜定制营销的效益
3. 厨柜定制营销形成途径
4. 厨柜市场定制营销
5. 如何实行厨柜市场定制营销

【难点】
定制营销的实现

🔍 任务讲解

为了适应消费观念的转变，企业的营销模式也随之转变，现代消费者的观念由过去的追求数量与价格，开始转向追求个性化。为了更好地迎合市场的需求，企业也将从过去的目标市场营销转向定制营销。了解个性化消费下的定制营销，对企业发展有着重要的意义。

一、目标市场营销难以满足个性化需求

目标市场营销根据消费者的特征将市场细分成几个小目标市场，从而满足消费者的需求，这种细分在追求数量和价格的同时可以很好地满足市场需求，而个性化消费的出现，

使这种细分不再能很好地满足消费者的需求。

（一）厨柜目标市场营销的定义

目标市场营销是指企业根据一定的准则，将市场细分成两个或多个市场，选择一个或几个市场作为目标市场，运用适当的营销组合，集中力量为目标市场服务，从而满足市场的需求。目标市场营销又称为 STP 营销，是现代市场营销的重要战略。它具体包括三方面内容：市场细分、选择目标市场和市场定位。

（二）厨柜目标市场营销是如何满足消费者需求

目标市场营销是根据消费需求的差异性，把整体市场划分为若干个具有相似需求特点的消费者群的过程，即把一个大市场划分为若干个细分市场。然后从中选择一个或几个细分市场作为企业的目标市场，针对各目标市场的不同需求，提供不同的产品，采用不同的营销策略。目标市场营销的成功之处在于把消费者根据不同的特征分成若干个不同的的消费者群，由于市场集中，便于企业深入了解消费者的需求，从而集中企业的力量，更好地满足不同消费者的不同需求。

（三）厨柜目标市场营销难以满足个性化需求

目标市场营销的成功之处在于满足了不同消费者群的不同需要。但是由于它针对的是消费者群体而不是单个消费者，其侧重的是一个消费群体对商品的某一个共同需求，而不是满足每一个消费者与众不同的要求，这就决定了目标市场营销不能完全满足个性化需求，所以目标市场营销难以满足个性化需求，想在个性化需求时代赢得先机，必须突破目标市场营销的束缚，实行市场定制营销。

二、厨柜定制营销的效益

所谓"定制营销"是指企业在大规模生产的基础上，将每一位顾客都视为一个单独的细分市场，根据个人的特定需求来进行市场营销组合，以满足每位顾客的特定需求。随着经济的快速发展，消费者收入、购买力水平和消费水平的同步提高和消费观念的更新，消费需求呈现向高级阶段发展的趋势。消费者对商品的要求不仅仅满足于达到规定的质量标准，而是要求满足个人的需求与期望，实现差别消费。从共性消费向个性消费转变已成为世界营销市场的一个主要趋势。

为了满足千差万别的个性需求，"定制营销"这一营销新理念应运而生，它具有满足不同消费者对产品和服务的不同个性需求、减少库存积压、降低营销成本和有利于加速产品开发等多方面优势。但如何真正发挥好这些优势，实现科学的定制营销，取得良好的经济效益和社会效益呢？笔者以为企业应在"一大"、"二化"和"两高"的条件下大批量生产。现代定制营销既不同于传统的量身定做，也不同于我们经常所说的以规模求效益的做法。传统的定制方法是在小范围内进行的，虽然能为客户提供个性化消费，但成本较高。过去我们经常强调通过标准化、大批量生产来降低成本，提高效率，依靠规模效益来实现企业利润目标。而现代定制营销则是建立在细分市场的基础上，消费者需求的特殊性增强，不同消费者在消费结构、时空、品质诸多方面的差异自然会衍生出个性突出且具有一定规模的目标市场，尽管这些市场规模会相对小些，但其购买力并不会相对减弱。企业在充分了解消费者需求差异、消费潜力、购买习惯和态度等因素的情况下，根据不同的标准将消费者分为若干大类，为每一个目标市场提供适销对路的产品和服务项目已成为必要。现代定制营销是企业在大规模生产的基础上，根据个人的特定需求来进行市场营销组合，以较低的成本满足每位顾客的特定需求，它是大规模和定制相结合的产物。现代大规模的定制营销应当符合降低成本、提高企业效益的基本要求，一味追求满足消费者个性需求，而不考虑企业自身利益的做法是行不通的。从表象上看，定制生产和大规模生产是很难共同存在的，但制造业、信息业的迅速发展使定制营销中的大批量生产成为可能，如戴尔公司每年生产数百万台个人计算机，每台都是根据客户的具体要求组装的。因此，现代定制营销既要为消费者提供个性化需求，又要实现大批量生产，降低成本，提高企业的效益，否则定制营销是没有生命力的。

三、厨柜定制营销形成途径

（一）生产的柔性化

所谓生产的柔性化是指生产系统由数控机床、多功能加工中心及机器人等组成，它只需要改变控制软件就可以适应不同品种式样的加工要求，从而使企业和生产装配线具有快速调整的功能，确保每个定单能在约定时间内有条不紊地顺利完成。生产柔性化是企业满足客户个性化需求的利器。柔性生产管理采用灵活的生产组织形式，根据市场需求的变化，及时、快速地调整生产，依靠严密细致的管理，通过防止过量生产、消除浪费等措施，实现企业利润的最大化。

目前在信息网络技术的推动下，产品柔性生产正从制造领域向设计、物流、销售等领域延伸，实现从产品决策、产品设计、生产到销售的整个生产过程自动化和智能化。随着产品柔性生产从生产领域向经营领域的延伸，对柔性的要求也从制造设备扩展到了企业管理的全过程。例如，劳动力配置柔性是在生产中选配具有多方面技能的操作者，在需求发生变化时，可通过适当改变业务人员的操作来适应短期的生产变化。组织柔性是企业的组织机构灵活多变，能适应市场多样化的需求，及时组织多品种生产和多渠道供应。

海尔空调全自动柔性生产线是目前国际上最先进的自动生产线，每16秒便有一台空调下线。它采用最先进的计算机监测控制系统，实行条码控制，使下线的每一台空调都可追溯，从而严格保证了产品的高质量。个性化的柔性生产线使不同地区、不同国家、不同要求的消费者可以得到符合自己个性化需要的产品，是实现定制营销的重要前提条件。

企业的信息化。企业信息化是实现柔性化生产、进行定制营销的必要条件。信息化企业只要在计算机里使用不同程序，就可实现流水线上不同插件的灵活搭配、组合，从而制造出灵活多变的产品。而在非信息化企业里，要实现大规模的"量身定做"是不可能的。企业信息化的应用，使计算机和网络技术融入企业的生产制造过程中，从而为企业实现个性化设计提供了技术支持条件。通过将一些可重新编程、重新组合、连续更换的生产系统结合成为一个新的、信息密集的制造系统，实现同一产品不同型号组件的不同转换。尤其是网络应用的普及使得顾客的个性化需求信息的传播速度和成本极大降低，企业获取市场需求的时间成本和信息获取成本无限减少，从而为企业迅捷准确地抓住快速多变的市场、捕捉商机、赢得市场创造了前提条件。同时，随着网络技术的普遍应用，产品市场得以无限扩展，从而使企业能直接面对更大范围的顾客，相对来说，对于产品的可选择性而言，顾客数量的极大扩展，就使得某类产品的可选择性与顾客群体数量之比率大大降低，因此，可极大降低企业对某类产品所有类型的个性化制造的成本。比如一个产品可能有多种可选择的式样，这时如果只有一个顾客，那对企业来说，要完全满足他的所有需求的成本是很大的，而当顾客群体极大地扩展后，如果面临同样产品的多种选择，那么企业分别满足所有顾客对产品多种要求的成本就降到很低了，完全能达到规模经济的要求。这也正是在网络经济时代个性化需求能得到空前满足的重要原因。虽然对于某个地方的某些顾客来说，有些要求是特殊需求，而更大范围内的市场集结将使得每一个本土性的"特殊款式"变得不再那么"特殊"了，成为"批量"的或者是"常规"的。因此，信息化企业大规模地生产个性化产品已成为可能。定制营销将不再按照以市场预测为基础制定的生产计划进行生产，而可以完全按订单生产，最终实现"零库存"管理。

（二）形成途径

企业信息化的应用是企业实现"定制营销"方式的充分条件，具有不断满足个性化市场需求、迅捷的扩张速度和低廉的扩张成本等优势，使得信息化企业具有极大的适应未来需求的市场竞争力。戴尔公司通过运用IT技术、网络技术，每天生产大约400万台个人电脑、笔记本计算机、服务器和工作站，买主只须拨打由公司付费的电话或在公司网址上，提出自己的机器配置，等待公司的报价，输入信用卡号码，就完成了产品的订购，极大地方便了客户并满足了客户的具体要求。

高水平的管理。要实现"一大"、"二化"以及定制营销的高速度，就必须要有高水平的管理。在产品设计系统、模具制造系统以及生产、配送、支付、服务等方面都必须环环相扣，不能有一丝偏差，为此要实现管理思想的现代化、管理方法的科学化、管理组织的合理化和管理手段的信息化，形成一整套现代化的管理体系。如果客户所需要的产品具有明显个性化要求，设计人员就应有针对性地进行设计，模具就可能要重新制作，生产线则需要重新调试，配送系统必须及时选送合适的材料、服务系统要清楚这种机型的配置，而这一系列的工作绝不是一般的企业在短时间内能做到、做好的。这是一项浩大的系统工程，需要在技术管理、设备物资管理、生产管理、质量管理、资金财务管理、队伍管理以及企业组织建设、企业文化建设等诸多方面取得突出的成绩，需要高水平的现代化管理作为强有力的支撑。从目前国内外在定制营销方面成绩突出的企业看，也都是在管理上具有相当水平的国际、国内重量级企业。从理论到实践，我们不难发现，高水平的管理将是能否较好地实现定制营销的一道重要门坎。

高速度的营销。定制营销与设计营销是有根本区别的。一般来说，在设计营销时产品上市时间是根据市场情况而确定的，设计、采购、加工和推广的时间可按照预测的产品上市时间依次向前推移。理论上，设计周期可以无限提前，采购周期也可根据企业的需要延长，只要留出足够的原料采购、生产周期就可以了。而定制营销则不同，在签订购销合同的时候，交货日期就确定了，而购销合同的签订之日也是设计生产周期的开始之时，对时间的要求非常紧迫。

四、厨柜市场定制营销

定制营销以大规模生产的速度和成本，为单个顾客的小批量、多品种市场定制多样化、个性化的产品。它以大规模生产为基础，运用现代制作技术、信息技术和管理技术，把产品的定制生产问题转化为批量生产，实现企业的规模效应。同时，企业借助产品设计和生产过程的重新组合，更好地适应消费需求的变化，最大限度地满足消费者的多样化需求。

（一）厨柜市场定制营销的定义

定制营销，是指企业在大规模生产的基础上，将每一位顾客都视为一个单独的细分市场，根据个人的特定需求来进行市场营销组合，以满足每位顾客特定需求的一种营销方式。现代的定制营销与以往的手工定做不同，定制营销是在简单的大规模生产不能满足消费者多样化、个性化需求的情况下提出来的，其最突出的特点是根据顾客的特殊要求进行产品生产。

（二）厨柜市场定制营销对企业的影响

定制营销对企业的影响有：极大地满足消费者的个性化需求，提高企业的竞争力。顾客可直接参与产品的设计，企业可根据顾客的意见直接改进产品。与顾客面对面的沟通，有效避免了技术创新和产品开发的盲目性，增强针对性和可靠性，保证和提高创新的成功率。企业始终与顾客的需求保持一致，一方面可加速大规模需求的标准产品升级换代，以迅速适应市场、技术、标准和潮流等方面的变化；另一方面可引导消费者提升设计思想、参与能力，增加定制产品的创造力和智慧力，更好地满足消费者的定制需求。大规模的定制营销，是根据顾客的实际订单来组织生产的，真正实现了以需定产，定制产品的成本几乎与大规模生产的成本相当，甚至更低。对于社会而言，"定制营销"满足了消费者个性化需求，有效地避免了厂家的盲目生产，同时避免了社会资源的浪费。

（三）厨柜市场定制营销对消费者的影响

在目标市场营销中，消费者只能从现有商品中选购。往往只能选择与自己需求相似的商品勉强凑合。而在定制营销中，消费者购买商品时可以根据自己的需求或喜好，在现有商品中选购，更可以向生产厂商提出自己的特殊要求，从而得到充分满足自己需要的个性化产品。

（四）厨柜市场定制营销相比传统营销的优点

定制营销能更好地满足消费者的个性化需要，提高企业自身竞争力。定制营销强调对于市场进行细分，把每一个顾客看作一个单独的细分市场，对于顾客的个性化需要给予了最充分的考虑。

1.提高企业的竞争力

以销定产，减少了传统营销模式中的库存积压，企业通过追求规模经济，努力降低单位产品的成本和扩大产量，来实现利润最大化，这在卖方市场中当然是很有竞争力的。但随着买方市场的形成。这种大规模生产同质产品，必然导致产品的滞销和积压，造成资源的闲置和浪费，定制营销则很好地避免了这一点。因为这时企业是根据顾客的实际订单来生产，真正实现了以需定产，因而几乎没有库存积压，这大大加快了企业资金的周转速度，同时也减少了社会资源的浪费。

2. 减少企业的库存

由于营销观念的转变和信息技术的广泛使用，企业与顾客之间的沟通方式、沟通效率和沟通效果将会得到极大改善。大规模定制营销在满足顾客的个性化需求的同时，也使企业摆脱生产的盲目性，只有符合顾客需要的产品才会被企业组织生产，这样不仅可以减少企业的库存，而且可以极大地缩短从产品构思到生产再到顾客手中的时间。对于社会而言，在一定程度上解决了供给与需求在总量和结构上的矛盾，整个社会的资本和劳动力资源将会得到更好的配置，利用效率也因此得到提高，可以有效避免资源的闲置和浪费，增加公众和社会的利益。

3. 定制营销有利于企业获取创新优势

企业的生命力在于它的创新能力，这种创新应该是有依据的创新，是和市场需要、顾客需求相结合的创新。定制营销把顾客与企业紧密联系起来，一方面，顾客可以直接参与产品的设计，企业则根据顾客的需求，迅速地生产或组装顾客所需要的产品，并且可以有效地连续推出产品的改进系列，以迅速适应市场、技术、标准和潮流等方面的变化，从而加速产品的升级换代、延长产品的生命周期。另一方面，企业还可根据顾客的意见直接改进产品，有效避免技术创新和产品开发的盲目性，提高针对性和可靠性，保证和提高创新的成功率，更好地满足消费者的定制需求，进一步增强企业的市场竞争力。而在定制营销中，顾客可直接参与产品的设计，企业也根据顾客的意见直接改进产品，从而达到产品技术上的创新，并能始终与顾客的需求保持一致，从而促进企业的不断发展。

（五）市场预定制营销的劣势

定制营销有如此多的优点，并不意味着它就完美无缺，事实上，定制营销也有它的不足之处。

1. 营销工作复杂化和成本的增加

定制营销对于消费者的市场细分，固然可以使得顾客的个性化需要得到满足，但是于此同时，也带来了营销工作复杂化和营销成本的增加。同时，定制营销的实现需要企业具备一系列软硬件条件，门槛较高，并不是任何一个企业都可以随便开展定制营销的。

2. 定制营销需要企业与顾客建立良好的沟通平台

定制营销需要企业与顾客建立良好的沟通平台，注重双向沟通。企业应当加强自身基础设施的建设，建立良好的沟通渠道，这是定制营销得以实施的关键。只有建立起良好的沟通平台，企业才能及时掌握顾客的个性化需求，脱离了这一技术平台的支持，企业就无法与顾客进行良好的沟通，无法了解到顾客的需求，定制营销也就无从谈起。同时，这一沟通应该是双向的，企业在得到顾客提出的特殊需求时，也即获得了其目标市场的精确数据，企业应对这些有效数据妥善管理，对平台功能进行拓展，建立起顾客数据库、顾客群，并获取针对性强的有效数据。这样，营销人员就可以通过数据库了解顾客的详细信息，包括顾客以往的购买情况，向其他公司购买类似产品的情况，对产品的满意程度以及建议等，强化顾客忠诚和促进再次购买。海尔的成功，正是得益于其完善的电子商务交易平台对这些需求的有力支持。

3. 对企业生产环节技术要求较高

生产环节技术落后，实施大规模定制营销的企业，始终面临着产品种类的增加和用户需求不断变化的问题。在变幻莫测的需求环境下，要快速满足不同顾客的个性化需求，一是要求有高度柔性的生产系统作为保障，二是需要较高的模块化水平。柔性生产系统具有快速调整能力，只要改变控制软件就可以适应不同品种式样的加工要求，能够高效、快速地制造出同一产品的数千种不同品种。而实现模块化，则需要制造能够配置成多种最终产品和服务的模块化构件。一旦消费者提出自己的特定要求，便将这些满足要求的部件迅速组装上去。目前，我国许多企业仍然沿袭了上个世纪的大批量生产方式，无法快速响应消费者的特殊需求，个性化产品依然紧缺。由于长期只生产一种或几种产品，大规模生产的专用设备无法适应定制生产的需要，造成设备调整的时间长、费用高。而且，多数产品的模块化程度不高，产品的多样性受到很大限制，不能充分满足顾客的个性化需求。

五、如何实行厨柜市场定制营销

定制营销是目标市场营销后的一大进步，他为企业提供了核心竞争力，让企业在市场的竞争中更好地发展，要实行定制营销，就要做好以下几个方面：

（一）建立健全必要的信息和营销网络

1. 通过互联网进行网上销售

网上销售是厂家和消费者连接的最便捷、最具发展潜力的通道。通过互联网，企业只需网上出样，消费者一旦选中某种商品，就可以根据自己的喜好输入自己的相关数据和特殊要求，确定交易方式和支付方式，一次网上交易即告完成。虽然我国网上销售还存在许多问题，例如互联网用户太少，支付手段和配送手段相对落后等，但其发展前景是十分广阔的。所以，发展电子商务是企业实行定制市场营销的重要途径。

2. 通过企业现有营销网络

通过企业现有营销网络。把中间商作为连接生产者和消费者的沟通点，在定制市场营销中同样可以大有作为。消费者向中间商提出定制商品的要求，由中间商向生产商提供商品的信息，生产商按要求生产，然后再通过中间商将定制产品送到消费者手中。中间商不仅仅作为生产商与消费者的沟通者，还可以作为商品的运送者。这弥补了网上销售的不足，也为中间商提供了新的机遇。

（二）提高企业的设计生产水平

在定制市场营销中的产品生产是为了适应消费者个性化需求的个性生产，而不同传统的产品批量生产。要实现定制营销，企业需要有适合于个性化生产的模块设计和模块制造功能，生产线也必须是柔性的以适应个性化生产。只有这样，企业才有可能向消费者提供高质量的定制产品，真正满足消费者千差万别的个性化需求。

（三）建立柔性的生产系统大规模定制营销

建立柔性的生产系统大规模定制营销需要对客户的需求做出灵活而快速的反应，为此，企业必须完善柔性生产系统，实现满足个性化生产的模块设计与制造。一是企业应加强技术改造，逐步更新落后的设备，引进具有快速调整能力的先进柔性制造系统，以适应不同品种、式样的加工要求。从长远来看，应用具有高度柔性的、可重组的制造设备，不仅可以提高企业适应市场变化的能力，还可以减少企业在装备方面的投资。二是企业应该根据产品的不同特征，适当改善产品结构，提高产品的模块化水平。例如，戴尔计算机公司为全球的消费者设计了各种不同的配置，顾客利用戴尔在线配置系统，在内存容量、硬盘能力、显示器尺寸、售后服务等方面可进行多达 1600 万种组合，当戴尔公司通过互联网接到订货时，马上就可以按照顾客的软硬件选择组装完成计算机产品，极大地提高了产品多样性和生产效率。

在消费心理个性化需求下，定制营销是营销发展的新趋势，给传统的营销模式带来了巨大的冲击和挑战，它可以给企业在市场竞争力、库存成本、技术创新等许多方面带来优势。同时它也有一些不足之处，它的个性化定制对企业的营销网络和设计生产水平要求较高。大规模定制营销还必须建立顾客个性化需求与成本、速度三者平衡兼顾的理念，采取相应措施以确保自己的竞争优势。定制营销的前景是美好的，企业通过加强自身建设，正确地运用这一营销模式，必将走向成功。

营销锦囊

纵观整个厨柜行业现状，可以发现是否拥有完善过硬的产品体系，已经成为考量一个厨柜企业能否实现对终端客户深度服务的关键基础。很多企业也已经越来越深刻地意识到成套系风格产品的完善性、产品线的丰富性、不同系列产品风格和颜色的搭配多元性等元素是影响品牌不可小觑的关键。业内人士称，在今后，厨柜企业还需不断设计开发个性化的新品，最大限度满足消费者的需求，制定出符合企业发展定位的营销模式，真正帮助消费者解决需求。另外，随着80、90后消费群体的崛起，很多注重生活品位的消费者，在家居的装修设计中都希望可以通过细节来体现个人的独特品位。个性化是当今家居建材产品的发展趋势，作为家居装修中不可或缺的一部分，厨柜行业自然也不例外。

——一站式服务满足消费需求

本章小结

随着社会的发展，人们对个性化需求已经达到极高的标准，这让定制厨柜有了充分的发展空间。定制厨柜不但能有效满足消费者个性化的需求，而且能够根据不同的尺寸空间量身定制，这让定制厨柜品牌在风雨迭起的厨柜市场迅速崛起。许多顾客需要在有限空间内满足多样化的需求，因而有创意、个性化的定制厨柜成了家居业的时尚。但定制厨柜行业的日趋成熟，使得众多企业意识到只是单一的"定制"已经不能完全满足消费者的需要，要想有更好的市场，必须通过服务来增加产品附加值。厨柜首先销售的是产品，最基本的服务就是产品本身所带来的使用服务。厨柜基本功能是储物功能，但仅包含储物功能是远远不够的，定制厨柜更应该满足客户的其他需求，它的尺寸应该随厨房空间的大小而变化，清晰合理的规划出功能分区，让使用者在烹饪的过程中享受到因功能的合理配置而带来的方便。这种在使用中才能享受到的服务虽然是隐含的，不能够直接从产品中看到，但是非常重要。要达到这种完全以客户为中心的服务，在设计研发阶段，就需要将客户的使用流程考虑在内，然后通过产品的合理配置表现出来。

拓展练习

思考题

1. 厨柜产业化将是趋势？厨电一体化是必然？
2. 整体厨房的含义？
3. 设计水平决定了定制程度的高低？谁的定制程度越高，谁就赢了？
4. 厨柜定制过程中出现的矛盾如何解决？

第四章　厨柜门店营销的策略

第一节　厨柜产品整体分析

学 习 目 标

认识产品整体概念包括三部分：核心产品、实体产品、延伸产品。

【重点】
1. 厨柜产品的整体概念
2. 厨柜产品组合策略
3. 厨柜产品差异化策略
4. 厨柜产品生命周期各阶段的特点及营销策略

【难点】
厨柜产品营销策略的选择

任 务 讲 解

现代市场营销理论所理解的产品，应当是有形物质属性和无形消费者利益的统一体，它是一个包括多层次内容的整体概念。

一、厨柜产品整体概念

传统观念认为，产品是指具有特定物质形态和用途的实体商品，如服装、汽车、食品等，但从市场营销观念来看，当消费者购买一种产品时，他所期望得到的不仅仅是该产品的物质实体本身，还有通过这种产品的使用获得某种利益的满足。顾客的需要是多方面的，有物质方面的，也有心理和精神方面的。例如，人们购买电脑，并不是为了电脑这种产品本身，而是通过电脑可以学习、娱乐和快速地获取信息。因此，西方营销学家从市场营销角度对产品解释为：凡是能够提供于市场、给购买者带来有形的和无形的消费利益，可以满足消费者欲望的任何事物，包括各种实物、服务、场所、组织、思想、主意等，都称为产品。现代市场营销理论所理解的产品，应当是有形物质属性和无形消费者利益的统一体。它是一个包括多层次内容的整体概念，一般认为产品整体概念包括三部分：核心产品、实体产品、延伸产品。

1. 核心产品

这是产品整体概念中最基本和最实质的层次，核心产品给顾客提供的基本效用和利益，是顾客需求的核心内容：顾客购买某种产品，并不是为了获得某种产品实体本身，而是为了满足某种特定的需求，比如人们购买电视机，并不是为了得到大木箱，而是为了利用电视机观看节目，方便日常生活。因此，合格的营销人员应当具有善于发现购买者实体所追求的真正的实际利益的本领，作为企业新产品的"创意"，发掘有利的市场机会。

2. 形式产品

它是核心产品的物质载体，是指企业直接提供给购买者，购买者通过自己的眼、耳、鼻、舌、身等可以接触到、感觉到的产品形式。实体产品也叫有形产品，包括产品的形态、形状、式样、商标、质量、包装、设计、风格、色调等。在企业营销活动中，必须认识到产品的质量是一个包括产品实体内、外部多方面因素的综合概念。

3. 延伸产品

延伸产品是指消费者购买某种产品时延伸得到的全部附加服务和利益，包括提供贷款、免费送货、安装、维修、技术指导、售后服务等。美国著名市场营销学家李维特教授断言："未来竞争的关键，不在于工厂能生产什么产品，而在于其产品所提供的附加价值：包装、服务、广告、用户咨询、消费信贷、及时交货和人们以价值来衡量的一切东西。"因此，在现代市场上，面对有形产品的日益同质化、雷同化趋势，企业间竞争胜负的关键在于善打"服务仗"，即竞争力的大小更多地体现在附加产品价值的高低上。

二、厨柜产品组合策略

用"战国争霸、群雄乱起、攻城略地、见智见仁"来形容当今厨柜市场毫不夸张。中国厨柜市场兴起至今，已经形成了以北京和广州为主的两大强势集团军，以及以长三角和西南为主的侧翼攻势团。

十几年的发展历程，中国厨业从零发展到目前的1000多家专业厨柜生产商，几十万从业人员，近十万个营销网点，厨柜销售遍布全国各级市场，产品出口欧美、东南亚、中东、非洲、南美等地。中国厨柜业欣欣向荣，奋发自强。

中国领地，厨企之间的蓝海战略正撬动着市场深处。然而在长时间的运作中，大部分企业难以形成自己的核心优势，并把它上升到战略的高度，尤其是渠道的建设难以形成忠诚和稳定。

1. 系统的招商政策

我们认为这是品牌营销的中转站，渠道招商是市场份额提升和解决厂家成本负担的主要方面。作为企业年度营销总额的核心计划之一，企业应该使之独立出来，形成独立的财务核算部分，用于渠道建设的成本投入，企业还应该以展示实力、品牌支持和盈利模式为核心招商细则。

成功的招商是与经营模式直接相关的，不管是区域性招商还是全国性招商，不是仅仅收收加盟费，搞搞开业庆典之后就了事，任加盟商自生自灭的"无为营销"，而是随后一系列的样板、培训和支持，而目前很多企业却犯了营销短视症，殊不知，品牌营销力强大的关键标准之一是招商能力和营销能力的双重组合优势。

一本良好的产品手册、一本厚实的招商手册、一本完备的 VI 和企业手册、一套系统的终端虚拟演示系统，一种舒适安详的环境氛围，一套清晰的盈利模式，客商看了还不心动？当今厨柜行业市场营销少不了这些组合策略。

2. 系统的导购策略

营业员的态度是决定产品能否成功交易的直接因素。我去过很多专卖店，一进门营业员就盯着身上仔细端详，尤其是其表情从善意的接纳到怀疑，让人很不舒服，终端店员缺少良好的营业心态，这不能不说是一个现实，所以做好导购十分重要，科宝是一个活生生的案例。

3. 系统的促销策略

厨柜市场促销繁多，大众化的促销方式趋于饱和，买多少送多少、打折、降价、送赠品、赠券等，形式多样泛泛类同。据了解，有相当一部分企业是没有系统的促销策略。其实促销的边际效益来自成本、效益和结算的组合策略，如果没有成本的控制、没有新颖的促销方式、没有好的效益、没有系统的年度促销结算策略，而只是乏善可陈的模仿秀，建议少做。

其实营销的另一个高度就是结算，结算包括厨企运作的方方面面，而不仅仅是现金结算的狭义方面，它应该包括对整个系统策略执行前的评估工作。

（一）厨柜产品组合

在现代社会化大生产和市场经济条件下，大多数企业都生产和销售多种产品。所谓厨柜产品组合，是指一个厨柜企业生产或经营的全部厨柜产品的有机构成方式，或者说，它是某一厨柜企业所生产或销售的全部产品大类（产品线）、产品项目的组合。产品线，也称厨柜产品系列或产品大类，是指具有相同使用功能，但型号规格不同的一组类似产品，例如整体厨柜是指由厨柜、电器、燃气具、厨房功能用具四位一体组成的厨柜组合。整体厨柜的特点是将厨柜与操作台以及厨房电器和各种功能部件有机结合在一起，并按照消费者家中厨房结构、面积以及家庭成员的个性化需求，通过整体配置、整体设计、整体施工，最后形成成套产品，实现厨房工作每一道操作程序的整体协调，并营造出良好的家庭氛围以及浓厚的生活气息。

厨柜产品组合有一定的宽度、长度、深度、关联度。所谓厨柜产品组合的宽度，是指一个厨柜企业有多少厨柜产品大类，即厨柜产品线的数目。厨柜产品组合的长度，是指一个厨柜企业的厨柜产品组合中所包含厨柜产品项目的总数；所谓厨柜产品组合的深度，是指一条厨柜产品线内各种厨柜产品不同品牌下不同规格、尺码、型号、功能、配方、装潢等的数目的多少。厨柜产品组合内所有不同规格、尺码、型号、功能、配方、装潢等的总数除以不同品种中不同品牌的总数，为平均深度。所谓产品组合关联度，是指一个厨柜企业的各个产品大类在最终用途、生产条件、分销渠道等方面的密切相关程度。

（二）厨柜产品组合策略

厨柜企业对其产品系列的宽度、深度和关联度的决策有多种选择。常见的厨柜产品组合策略有以下几种：

1. 扩大厨柜产品组合策略

该策略包括拓展厨柜产品组合的宽度和加强产品组合的深度。前者是在原产品组合中增加一条或几条产品大类渠道，扩大经营产品范围；后者是在原有产品大类内增加新的厨柜产品项目。当企业预测到现有厨柜产品经营范围的销售额和利润额在未来一段时间内有可能下降时，就应考虑在现行产品组合中增加新的厨柜产品大类，或加强其中有发展潜力的产品大类。当企业打算增加产品特色，或为更多的子市场提供产品时，则可选择在原有产品大类内增加新的产品项目。

2. 缩减厨柜产品组合策略

缩减厨柜产品组合有三种方式：一是保持原有厨柜产品组合的宽度或深度，即不增加厨柜产品系列和厨柜产品项目，只增加厨柜产品产量，降低成本；二是缩减厨柜产品系列，企业根据本身特长和市场的特殊需要，只生产经营某一个或少数几个产品系列；三是缩减产品项目，即在一个产品系列内取消某些低利产品，尽量生产利润较高的少数品种的产品。如美国西屋电器公司将其电冰箱品种由 40 个减少至 30 个，撤销了 10 个品种，反而增强了企业竞争力；1988 年，松下也曾将其产品种类由 5 000 个缩减至 1 200 个。

3. 厨柜产品线延伸策略

厨柜产品线延伸策略是指全部或部分改变企业原有产品的市场定位。它包括三种延伸：一是向下延伸，即厨柜企业原来生产高档产品，后来增加低档产品；二是向上延伸，即由低档产品向高档产品延伸；三是双向延伸，即原来定位中档产品，现向高档、低档产品发展。

三、厨柜产品差异化策略

1. 厨柜产品差异化的含义

厨柜产品差异化，就是厨柜企业为使自己的厨柜产品有别于竞争者而突出产品的一种或数种特征，使其与竞争者的同质产品有明显差异，用以增强产品对消费者的吸引力，巩固其产品的市场地位的一种策略。

正如菲利普·科特勒教授所说，要确保一种产品处于保护地位，最好的办法就是使这一产品具有与竞争者不同的特色。

2. 厨柜产品差异化的重要内容

厨柜产品差异化的内容可以概括为两个方面：一是厨柜产品因素的差异化，即厨柜产品差异化反映在产品的不同层次上，可以是核心产品的差异化，也可以是实体产品的差异化，还可以是延伸产品的差异化；二是市场营销组合因素的差异化，如反映在定价、分销渠道及促销因素组合形态的变化，也叫做产品外在因素差异化。

3. 产品差异化的基本方法

（1）通过产品质量形象化来实现产品差异化。由于消费者的购买基本上都属于非行家购买，因此，产品质量形象化是显示产品质量的一个重要方法。

质量形象化的具体方法有：高价显示优质，高级包装显示优质。

（2）通过信息传递来实现产品差异化。它通过声音、图像等各种传播手段，将有关产品特征的信息传递到市场，让顾客感受到产品的差异，从而在顾客心目中树立此产品与众不同的形象。

（3）利用商标来实现产品的差异化。商标是一种产品的质量、特性及其效用的象征，产品的质量与商标的信誉通常是联系在一起的。

（4）通过分销渠道实现产品差异化。选择哪些分销商来经销商品，也是树立产品形象的一个重要方面。经销商规模大小、声誉好坏，不仅会造成产品质量形象的差异，也会给消费者带来产品整体形象的差别。

（5）通过向消费者提供良好的服务来实现产品差异化。良好的服务、免费送货、分期付款等，都可以形成整体产品的差异化。

在现实经济生活中，产品的生命周期不同，有些产品如时装，整个生命周期可能只有几个月，而有些产品的生命周期可以长达几十年甚至数百年，如茅台酒、北京烤鸭等都久负盛名、长盛不衰。并且每种产品经历生命周期各阶段的时间也不尽相同。此外，各种产品也不一定都经历市场生命周期的四个阶段。有些产品可能刚进入市场不久就夭折；有些产品上市伊始就迅速成长，可能跳过销售额缓慢增长的引入期；有些产品又可能持续缓慢增长，即由引入期直接进入成熟期；还有些产品经过成熟期以后，再次进入迅速增长期。但一般说来，大多数产品都将"衰老"，直到退出市场。

理解产品生命周期的概念，要注意产品生命周期与产品的使用寿命是两个截然不同的概念。产品使用寿命是指产品实体的消耗磨损。产品生命周期是指产品的市场寿命，它是从产品的市场销售额和利润额的变化来进行分析判断的。另须注意的是，产品生命周期泛指"产品"，而实际上产品的种类、品种和具体品牌的生命周期分析起来也大不相同。产品种类的生命周期最长，甚至在相当长的时间内显示不出其阶段的变化，其次为产品品种，周期最短的是具体品牌的产品。在实际经营中，应用产品生命周期理论分析产品种类的情况较少，而更多的是分析产品品种或具体品牌。

四、厨柜产品生命周期各阶段的特点及营销策略

处于产品生命周期不同阶段的产品各有其特点，企业应该采取不同的营销对策，根据产品市场生命周期理论，总的要求是：第一，使企业的产品尽可能迅速地为目标市场所接受，从而缩短产品的引入期；第二，使企业的产品尽可能保持畅销的势头，延长产品的成熟期；第三，使企业的产品尽可能缓慢地被市场淘汰，推迟产品的衰退期。

（一）引入期

新产品上市后的最初时期，为产品的引入期。为了让企业对厨柜新品进行的定位化作市场价值，在这个阶段，厨柜企业要征求内外意见，根据市场调研为厨柜新产品的推出，进行从产品研发到品质保证到外在宣传等一系列的准备工作。此时产品的生命力脆弱，企业承担的市场风险最大。产品引入期常用的策略有以下几种：

1. 快速掠取策略

这种策略采用高价格、高促销费用的双高策略,"高格调先声夺人"。高价格是为了在每一单位销售额中获取最大的利润;高促销费用是为了使消费者尽快熟悉和了解产品,快速打开销路,占领市场。成功实施这一策略,可以赚取较高的利润,以尽快收回投资成本。但是采用这种策略必须具备一定的条件,即市场需求潜力大,目标顾客求新心理强,急于购买新产品并愿意为此支付高价。同时,产品在性能和质量上要优于同类产品或者在某些方面有独到之处。

2. 缓慢掠取策略

缓慢掠取策略又称"选择性渗透"策略,是以高价格、低促销费用相结合推出新产品,以求获得更多的利润。采取这种策略的条件是:目标市场的潜力和规模有限,竞争威胁不大,大多数用户了解这种产品,适当的高价能为顾客接受。如德国拜尔药厂生产的阿司匹林自投入市场以后,价格虽然很高,但因药效好,在世界各地行销几十年。

3. 快速渗透策略

快速渗透策略又称"密集性渗透"策略,通过低价格、高促销费用的结合推出新产品。该策略可以快速给企业带来最高的市场占有率,它适用于以下情况:产品市场容量很大,潜在消费者对产品不了解,且对价格非常敏感,潜在竞争比较激烈,产品的单位成本可随着生产规模和销售量的扩大迅速下降。

4. 缓慢渗透策略

缓慢渗透策略也叫双低策略,即企业是以低价格、低促销费用来推出新产品,又称"低格调以低廉取胜"策略。该策略使厨柜产品能够比较容易地渗入市场,打开销路,在取得规模经济效益的同时树立起"物美价廉"的良好印象。这种策略适用于市场容量大,产品适用面广,消费者熟悉这种产品,促销作用不明显,但对价格反应敏感,并且潜在竞争激烈的情况。

以上策略总的原则是:要在市场引入期努力取得产品的市场占有率。

(二)成长期

当厨柜产品在市场上打开销路时,该厨柜产品即进入成长期。对于新的厨柜产品,大部分厨柜企业总是会抱着或利润或销量,或知名度或美誉度等潜在的预期。但新产品一经投放到市场,遇到的状况可能会包括消费者的不接受,经销商的不认同,团队凝聚力发生松懈等。其实市场的本质是因变御势,挫折曾经有过,但并不意味着被忽略的产品项目就永不会闪光,因此,厨柜企业只有适时重新发现、挖掘产品价值,并系统配置运营,才能将积累变为财富。营销策略的重点应该突出一个"好"字,即在进行扩大生产能力的同时,进一步改进和提高产品质量,可采取下面几种营销策略。

1. 改善产品品质

通过增加新的功能,改变产品款式等方式,对产品进行改进,可以提高产品的竞争能力,满足顾客更广泛的需求,吸引更多的顾客。

2. 寻找新的子市场

通过市场细分,找到新的尚未饱和的子市场,根据其需要组织生产,迅速进入这一新的市场。

3. 改变广告宣传的重点

把广告宣传的重心从介绍产品转到建立产品形象上来，树立产品品牌，维系老顾客，吸引新顾客，使产品形象深入顾客心中。

4. 适当降价策略

在大量生产的基础上，选择适当的时机，采取适当降价策略，以激发那些对价格比较敏感的消费者产生购买动机，采取购买行动。

以上策略总的原则是：要在市场成长期努力扩大产品的市场占有率。

（三）成熟期

经过成长期之后，随着购买厨柜产品的人数增多，厨柜市场需求趋于饱和，厨柜产品便进入了成熟期阶段。此时，厨柜销售增长速度缓慢直至转而下降。由于竞争的加剧，导致广告费用再度提高，利润下降。由于厨柜产品普及率高，厨柜市场需求减少，行业内生产能力出现过剩，厨柜市场竞争激烈。针对成熟期的厨柜产品特点，企业应千方百计维持甚至扩大原有的市场份额，其市场策略突出一个"改"字，即对原有的市场营销组合进行改进，具体有三种策略可以选择：

1. 厨柜产品改良策略

厨柜产品改良策略也称为"厨柜产品再推出"。实现厨柜产品改良的具体策略有四种：①品质改进策略，主要侧重于增加产品的功能；②特性改进策略，主要侧重于增加产品的新特性，尤其是提高产品的高效性、安全性或方便性；③式样改进策略；④服务改进策略。

2. 厨柜市场改良策略

厨柜市场改良策略即开发新厨柜市场，寻求新用户。厨柜市场改良可以通过下述几种方式实现：①开发厨柜产品的新用途，寻求新的细分厨柜市场；②刺激现有顾客，增加使用频率；③寻找新的使用者，重新为厨柜产品定位，寻求新的买主。

3. 厨柜营销组合改良策略

营销厨柜组合改良策略是指通过改变定价、销售渠道及促销方式来延长产品的市场成熟期。一般是通过改变一个因素或几个因素的配套关系来刺激消费者购买。

以上策略总的原则是：确保厨柜产品的市场占有率。

（四）衰退期

厨柜企业认识到这款产品已经不再能够带来多少经济价值，所以将逐渐停止生产，以至最终退出市场。在这个阶段，厨柜企业就要抓住此款产品的余热，借势推出新的产品，完成更新换代。因此，这一阶段企业的策略重点是抓好一个"转"字，即转向研制开发或转入新市场，通常有以下几种策略可供选择：

1. 继续策略

继续沿用过去的策略，仍按照原来的子市场，使用相同的分销渠道、定价及促销方式，直到这种产品完全退出市场为止。

2. 集中策略

把厨柜企业的能力和资源集中在最有利的子市场和分销渠道上，从中获取利润，这样有利于缩短产品退出市场的时间，同时又能为企业创造更多的利润。

3．收缩策略

大幅度降低促销水平，尽量降低促销费用，以增加目前的利润。这样可能导致产品在市场上的衰退加速，但也可能从忠实于这种产品的顾客中得到利润。

4．放弃策略

对于衰退比较迅速的厨柜产品，应该当机立断，放弃经营。可以采取完全放弃的形式，如把厨柜产品完全转移出去或立即停止生产；也可采取逐步放弃的方式，使其所占用的资源逐步转向其他的产品。

以上策略总的原则是：要在厨柜市场衰退期力争维持局面，一方面积极发展新产品，另一方面有步骤地撤退老产品，使新老产品顺利地接替，最大限度地减少厨柜企业的损失。

案例

针对慈溪市场，以柏厨慈溪店为例

从慈溪整个市场来说，不乏高端厨柜品牌之间的竞争，柏厨便属于这个范畴；大众消费水平的一些品牌等，还充斥着不少小品牌厨柜加工厂。致力于打造高端品质厨房，柏厨更多的是针对中高档消费群体。产品横向分类，从现代款式、欧式、美式、法式等风格，覆盖目前流行的几大装修风格，与之匹配。纵向分类，从材质上，通过饰面板、吸塑、烤漆、实木、整体板等，与各个品牌形成竞争。

就展厅目前出样的12款产品而言，实木系列共出了5款产品。中国禅，毋庸置疑是展示品牌实力的款式。巴西花梨的材质，定价在1.6万一延米的地柜，更像是汽车行业中的概念款，用以体现柏厨与其他品牌的差异性。其他4款实木产品，提供给客户更多更亲民的选择，但实木的价位在整个慈溪市场减弱了柏厨的优势。双饰面板产品出了2款，曼哈顿是12款产品中设计感最强的一款产品，颜色、风格都很符合现代人的审美；七点三刻相对于曼哈顿，针对的是中等偏下的消费群体，颜色上提供给消费者更多选择，款式也比较简单大方。烤漆产品一直是柏厨的主打产品，出样的原色地带以冷色调为主，干净清爽，一直很受中高档消费群体的青睐。吸塑系列出了3款，分别是维多利亚、鸢尾香旅3S、维也纳相约S。维多利亚针对家装风格偏欧式或者美式风格的消费者，是吸塑系列的销售冠军；鸢尾香旅3S，用橡木黄搭配苏打绿，适合小清新的家装风格；维也纳相约S，则是用媲美实木油漆质地的包覆工艺，给消费者提供更高性价比的选择。

与此同时，方太柏厨将会开发20多款新产品，关注主流审美的同时，更多地将中式元素融入到舶来品厨柜当中。吸塑系列的爱尔兰小镇，外观上符合欧式的优雅大气，价位也可以为大众所接受。烤漆系列的简约，将中式元素融入现代感的烤漆产品中。高光吸塑的简爱，对现代款式作了一个很好的补充。

第二节 厨柜产品开发

掌握新产品的概念，并熟知新厨柜产品开发程序。

【重点】

1. 新产品概念

2. 新厨柜产品的开发程序

【难点】

新厨柜产品的开发程序

任 务 讲 解

产品生命周期理论为我们提供了一个重要的启示：在当代科学技术水平迅速提高、消费需求变化加快、市场竞争激烈的情况下，不断开发新产品是企业活力的所在，是企业有力的竞争武器，也是企业不可推卸的使命。美国著名管理学者德鲁克说，任何工商企业具有两个，也仅有两个基本的功能：市场营销与创新。

一、新产品概念

从厨柜市场营销角度看，凡是企业首次向市场提供的、能满足消费者某种新的需求的厨柜产品，都称为新厨柜产品。产品整体概念中任何一部分的创新、变革和改良，都可视为新产品。据此，新厨柜产品可分为：

1. 全新产品

全新产品是指应用科技新成果，运用新原理、新技术、新工艺和新材料制造的在市场上前所未有的产品。

2. 换代产品

换代产品也称为革新产品。是指适合新用途、满足新需要，在原有产品的基础上采用新技术而生产的产品。

3. 改进型新厨柜产品

改进型新厨柜产品是指对现有厨柜产品的结构、功能、品质、花色、款式及包装进行全部或局部改进的厨柜产品。

4. 新品牌厨柜产品

新品牌厨柜产品是指企业对国内外市场上已有的产品进行模仿生产，使用新品牌后提供给市场，也称模仿型新产品。厨柜门板材质分析：水晶、三聚氰胺在厨柜门板中具有较广泛的应用在厨柜市场中，门板材质多样化趋势明显。随着门板市场的不断发展，品类的不断增多，消费者在厨柜门板材质选择上也越来越分散，各种材质锁定不同消费群体，市场呈现百花齐放的态势。在这些材质中，水晶门板因其色彩丰富、质感晶莹剔透，易于清洁等特点深受消费者欢迎，市场占有率位居第一，达到24%。其次是三聚氰胺板，占比21%，也是应用广泛、具有一定市场基础的门板材质。市场占有率在10%～20%之间的门板材质有烤漆板、吸塑／模压板、镜面树脂板、实木板四种。

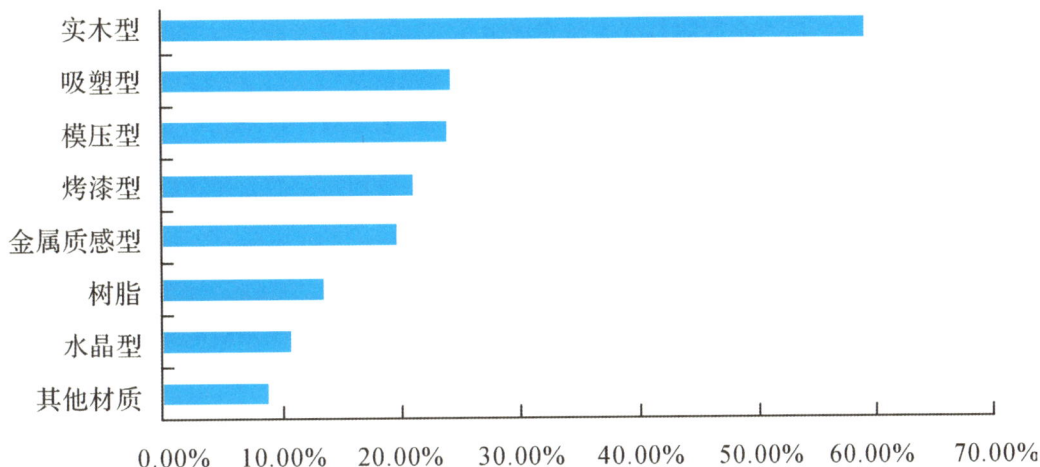

图 4-1　厨柜门板材质选取

二、新厨柜产品的开发程序

新厨柜产品开发过程由八个阶段构成，即寻求创意、甄别创意、形成厨柜产品概念、制定市场营销战略、营业分析、厨柜产品开发、市场试销、批量上市。

1. 寻求创意

新厨柜产品开发过程是从寻求创意开始的。所谓创意，就是开发新厨柜产品的设想。新厨柜产品创意的主要来源有：顾客、竞争对手、企业推销、研发和高层管理人员、中间商、市场调研公司、广告中介公司等，此外，厨柜企业还可以从大学、咨询公司、同行业的团体协会、有关报刊媒体那里寻求有用的新厨柜产品创意。

2. 甄别创意

取得足够创意以后，要对这些创意加以评估，研究其可行性，并挑选出可行性较强的创意，这就是创意甄别。创意甄别的目的就是淘汰那些不可行或可行性较低的创意，使厨柜公司有限的资源集中于成功机会极大的创意上。

甄别创意时，一般要考虑两个因素：一是该创意是否与厨柜企业的战略目标相适应，表现为利润目标、销售目标、销售增长目标、形象目标等几个方面；二是企业有无足够的能力开发这种创意，这些能力表现为资金能力、技术能力、人力资源、销售能力等。

3. 形成厨柜产品概念

经过甄别后保留下来的产品创意还要进一步发展成为厨柜产品概念。

所谓产品概念,是指厨柜企业从消费者的角度对这种创意所做的详尽的描述。厨柜企业必须根据消费者的要求把厨柜产品创意发展成为产品概念。确定最佳产品概念,进行厨柜产品和厨柜品牌的市场定位后,就应当对产品概念进行试验。

所谓厨柜产品试验,就是用文字、图画描述或者用实物将产品概念展示于一群目标顾客面前,观察他们的反应。

4. 制定厨柜市场营销战略

形成产品概念之后,企业的有关人员要拟定一个将新产品投放到厨柜市场的初步的市场营销计划书。计划书由三个部分组成:

(1)描述目标厨柜市场的规模、结构、行为;新产品在目标市场上的定位;头几年的销售额、市场占有率、利润目标等。

(2)简述新产品的计划价格、分销战略以及第一年的市场营销预算。

(3)简述计划长期销售额和目标利润以及不同时间的市场营销组合。

5. 营业分析

在这一阶段,企业市场营销管理者要从经济的角度分析新产品预测的销售额、成本和利润是否符合企业的目标。如果符合,就可以进行新产品开发。

6. 厨柜产品开发

如果厨柜产品概念通过了营业分析,研究和开发部门及工程技术部门就可以把这种概念转变为厨柜产品,进入试制阶段。在这一阶段,以文字、图表及模型等描述的厨柜产品设计变为实体厨柜产品。

7. 市场试销

市场试销的规模决定于两个方面:一是投资费用和风险大小,二是市场试销费用和时间。投资费用和风险越高的新产品,试销的规模应大一些。从市场试销费用和时间来讲,所需市场费用越多、时间越长的新产品,市场试销规模应小一些;反之,则可大一些。

8. 批量上市

在这一阶段,企业高层管理者应当作出以下决策:

(1)何时推出新产品。指企业高层管理者要决定在什么时间将新产品投放市场最适宜。

(2)何地推出新厨柜产品。指厨柜企业高层管理者要决定在什么地方(某一地区、某些地区、全国市场或国际市场)推出新厨柜产品最适宜。

(3)向谁推出新厨柜产品。指厨柜企业高层管理者要把分销和促销目标面向最优秀的顾客群。

(4)如何推出新产品。厨柜企业管理部门要制定投放市场的市场营销战略。这里,首先要对各项市场营销活动分配预算,然后规定各项活动的先后顺序,从而有计划地开展市场营销管理。

新环保法的实施，给包括厨柜在内的家居企业扣上了紧箍咒，促使其投入资本整改。新环保法对厨柜企业来说无疑是一个挑战，不过也是机遇，让企业有一个升级转型的机会，让整个厨柜市场更干净，让企业之间的竞争更公平。

随着消费者"环保低碳"意识日益强烈，他们对厨柜购买的意识觉醒也更加强烈。在以前，消费者购买厨柜或许考虑最多的是价格，但随着生活水平日渐提升，人们越来越追求品质生活。厨房作为家庭中最重要的一块宝地，厨柜自然也要用得舒心放心。所以，厨柜企业现在要做的，就是更新自己的思维，从简单的产品绿色化，到售前售后服务全面绿色化，引领消费者绿色消费。

——绿色消费需求逐渐强烈

第三节　厨柜品牌策略

学习目标

掌握厨柜品牌策略的概念、特征和决策。

【重点】

1. 厨柜品牌的概念
2. 厨柜品牌的特征
3. 厨柜品牌决策

【难点】

厨柜品牌决策

任务讲解

随着厨柜市场的日益兴盛，厨柜行业发展迅速，品牌队伍不断壮大，品牌大战也风云迭起。然而，由于有些厨柜企业在品牌建设上并不清楚核心内涵与目标，以致在外界出现风吹草动之时，便轻易改变原有计划，品牌管理难以持续。

一、厨柜品牌的概念

所谓品牌，也就是产品的牌子，它是销售者给自己的产品规定的商业名称，通常由文字、标记、符号、图案、颜色、设计等要素或这些要素的组合构成，借以辨认某个销售者或某群销售者的产品及服务，并使之与竞争对手的产品和服务区别开来。品牌是一个集合概念，通常包括品牌名称、品牌标志、商标等要素。品牌名称是指品牌中能够发音、可被读出的部分，如"可口可乐""娃哈哈"等；品牌标志是指品牌中可以通过视觉识别、能用语言描述但不能用语言直接称呼的部分，如一些符号、图像、图案、色彩等，"海尔"品牌中那两个相互拥抱的儿童形象就是其品牌标志。

商标是指品牌或品牌中的一部分，包括产品文字名称、图案记号或两者相结合的一种设计，向有关部门注册登记后，经批准享有其专用权的标志。在我国，国务院工商行政管理部门商标局主管全国商标注册和管理工作，商标一经商标局核准即为注册商标，商标注册人享有商标专用权，受法律保护。但在习惯上，我们对一切品牌不论其注册与否，统称为商标，而另有"注册商标"和"非注册商标"之分。在西方国家，商标是一个专门的法律术语，是一项重要的工业产权和知识产权。企业的商标可在多个国家注册并受各国法律的保护。

商标与品牌都是无形资产。两者区别主要在于，商标是区别不同产品的一个标记，是一个法律术语，具有专门的使用权，具有排他性。而品牌是一个商业用语，品牌比商标更具内涵，品牌代表一定的文化与价值，有一定个性。所有的商标都是品牌，但并非所有的品牌都是商标。

与品牌相关的一个概念是名牌。名牌并无准确的概念，但名牌一定是有一定知名度和美誉度的品牌。名牌代表着优良品质，但名牌并不代表高价位，它可以是高质高价，高质中价，甚至高质低价。"茅台"是高质高价，"大宝"化妆品则高质中价，"格兰仕"则高质低价。另外，名牌是有时效性的，今日的名牌明天未必是名牌。

在营销活动中，品牌并非是符号、标记等的简单组合，而是产品的一个复杂的识别系统：品牌实质上代表着卖者对交付给买者的一系列产品的特征、利益和服务的一贯性的承诺，最佳品牌就是质量的保证。

二、厨柜品牌的特征

1. 品牌是企业的一种无形资产

品牌的拥有者凭借其优势品牌能够不断地获取利润，但品牌价值是无形的，其收益具有不确定性。

2. 品牌具有一定的个性

在创造品牌过程中，一定要注意品牌个性的塑造，赋予品牌一定文化内涵，满足广大消费者对品牌文化品位的需求。

3. 品牌具有专有性

一件具体的产品可以被竞争者模仿，但品牌却是独一无二的，一经消费者认可，形成品牌忠诚，也就强化了品牌的专有性。

4. 品牌是以消费者为中心的

没有消费者，就没有品牌，品牌具有一定的知名度和美誉度是因为它能够给消费者带来利益，只有市场才是品牌的试金石，只有消费者和用户才是评判品牌优劣的权威。

5. 品牌是企业竞争的一种重要工具

品牌可以向消费者传递信息，提供价值。在信息爆炸的时代，消费者需要品牌，也愿意为他们崇拜的品牌支付溢价。因此，品牌策略备受关注，未来的营销将是品牌的战争。在厨柜市场中，我们以欧派厨柜为例。

图4-2　对欧派品牌的洞察认知

三、厨柜品牌决策

品牌决策的内容通常包括以下几个方面：

1. 厨柜品牌化决策

企业决定是否给产品起名字、设计标志的活动就是企业的品牌化决策。

今天，品牌化迅猛发展，像大豆、水果、蔬菜、大米和肉制品等过去从不使用品牌的商品，现在也被放在有特色的包装袋内，冠以品牌出售，这是因为使用品牌有如下好处：便于企业订单管理和存货管理；有助于市场细分；有助于吸引更多的品牌忠诚者；注册商标可使企业的产品得到法律保护，防止竞争者模仿；有助于树立良好的产品和企业形象。但是，为了节省在包装和广告上的开支，降低价格，扩大销售，一般来说，对于那些在加工过程中无法形成一定特色，产品同质性很高，消费者在购买时不会过多地注意其品牌的产品，或者对于那些消费者只看重产品的式样和价格而忽视品牌的产品，企业可以实行非品牌化决策。

2. 厨柜品牌命名决策

一个好的厨柜品牌名称是品牌被消费者认知、接受、满意乃至忠诚的前提，品牌的名称在很大程度上会影响品牌联想，并对产品的销售产生直接的影响。因此企业在一开始就要确定一个有利于传达品牌定位方向且有利于传播的名称。从国内外知名品牌的成败得失中可总结出品牌命名的一些基本原则：

（1）易读、易记原则。在厨柜品牌的汪洋大海中，品牌名称只有易读、易记，才能高效地发挥它的识别和传播功能，品牌命名应努力做到：简洁、独特、新颖、响亮、有气魄。

（2）能产生有关企业或产品的愉快联想，进而产生对品牌的认知或偏好。比如："孔府家酒"——悠久的历史，灿烂的文化，中国的儒文化——能引发消费者积极的品牌联想。

（3）与标识物相配原则。品牌标识物是指品牌中无法用语言表达但可被识别的部分，当品牌名称与标识物相得益彰、相映生辉时，品牌的整体效果会更加突出。如今，有些还在牙牙学语的幼儿只要看到麦当劳醒目的黄色字母"M"时，便会想到要吃汉堡包。

（4）适应市场环境原则。品牌名称要适应目标市场的文化价值观念。企业应特别注意目标市场的文化、宗教、风俗习惯及语言文字等特征，以免因品牌名称在消费者中产生不利的联想。

（5）受法律保护原则。厨柜品牌名称的选定首先要考虑该厨柜品牌名称是否有侵权行为，其次，要注意该厨柜品牌名称是否在允许注册的范围以内。有的品牌名称虽然不构成侵权行为，但仍无法注册，难以得到法律的有效保护。我国商标法规定地名是不能作为商标名称进行注册的，当然也就不会受到法律的保护。

（6）当地化与全球化相统一原则。在品牌命名上，首先要考虑如何使厨柜品牌名称适合当地。一种办法是为当地营销的厨柜产品取个独立的品牌名，也可把原有的厨柜品牌名翻译成适应当地的名称，如 NIKE 在中国翻译成"耐克"而不是"奈姬""娜基"之类，就在于它显示了一个清楚的含义，经久耐用、克敌制胜，与原意"胜利女神"不谋而合；另一种办法是从一开始就选择一个全球通用的名称，在这方面，"索尼""金利来""宏碁"堪称楷模。

3. 厨柜品牌使用者决策

企业有三种可供选择的策略，即企业可以决定使用本企业（制造商）的品牌，这种品牌叫做企业品牌、生产者品牌、全国性品牌；企业也可以决定将其产品大批量地卖给中间商，中间商再用自己的品牌将商品转卖出去，这种品牌叫做中间商品牌、私人品牌、经销商品牌；企业还可以决定有些产品使用自己的品牌，有些产品使用中间商品牌。

在现代市场经济条件下，制造商品牌和经销商品牌之间经常展开激烈的竞争，也就是所谓品牌战，实质是制造商与经销商之间实力的较量。在这种对抗中，中间商有许多优势。这些优势表现在：

第一，零售商业的营业面积有限，许多企业特别是新企业难以用其品牌打入零售市场。

第二，以私人品牌出售的商品大都是大企业的产品，中间商特别注意保持其私人品牌的质量，赢得了消费者的信任。

第三，中间商品牌的价格通常定得比制造商品牌低，能迎合许多计较价格的顾客，特别是在通货膨胀时期更是如此。

第四，大零售商把自己的品牌陈列在商店醒目的地方，而且妥善储备。

由于这些原因，制造商品牌昔日的优势正在削弱。

4. 厨柜品牌统分决策

企业决定所有的产品使用一个或几个品牌，还是不同产品分别使用不同的品牌，这就是品牌统分决策。大致有以下三种决策模式：

（1）个别厨柜品牌策略。个别是指策略企业决定每个产品分别使用不同的品牌。采用个别品牌名称，为每种产品寻求不同的市场定位，有利于增加销售额和对抗竞争对手，还可以分散风险，使企业的整个声誉不致因某种产品表现不佳而受到影响。如"宝洁"公司的洗衣粉用了"汰渍""碧浪"；肥皂使用了"舒肤佳"；牙膏则用了"佳洁士"。

个别品牌策略的最大缺点是加大产品的促销费用，使企业有限的资源分散，在竞争中处于不利地位；此外，企业品牌过多，也不利于企业创立名牌。

（2）统一厨柜品牌策略。统一厨柜品牌策略也称家族厨柜品牌，是指企业的所有产品都使用同一厨柜品牌。如美国通用电气公司的所有产品都用"GE"作为品牌名称。

这种品牌策略的主要优点是，企业可以运用多种媒体集中宣传一个品牌，充分利用其名牌效应，使其相关产品畅销。同时，还有助于新产品快速进入目标市场，而不必为建立新品牌的认识和偏好花费大量的广告费。但是，采用统一品牌的各种产品应注意具有相同的质量水平，否则会影响品牌信誉，特别是有损于较高质量产品的信誉。

（3）个别品牌名称与企业名称并用。个别品牌名称与企业名称并用是指企业对不同类别的产品分别采取不同的品牌名称，且在各种产品的品牌名称前还冠以企业的名称。

采用这种品牌策略的出发点是企图兼有以上两种策略的优点，既可以使新产品合法化，能够享受企业的声誉，节省广告费用，又可以使各品牌保持自己的特点和相对独立性。海尔集团就推出了"大力神"冷柜、"小神童"洗衣机。

5. 品牌延伸决策

厨柜品牌延伸亦称品牌扩展，是指厨柜企业利用已具有厨柜市场影响力的成功品牌来推出改良产品或新产品。例如以雀巢咖啡成名的"雀巢"商标，被扩展使用到奶粉、巧克力、饼干等产品上。

采用品牌延伸策略具有的显著优点是，一个受人注意的好品牌能使产品立刻被市场认识且较容易被接受，如果厨柜品牌扩展成功，还可进一步扩大原品牌的影响和企业声誉。

但是，实施厨柜品牌延伸策略，如果延伸不当，则会冒一定的风险，企业应根据具体情况谨慎行事。

6. 多品牌策略

多品牌策略是指企业在同一种产品上同时使用两个或两个以上相互竞争的品牌，这种策略由宝洁公司首创。

一般说来，企业采用多品牌策略的主要原因是：

（1）多种不同的品牌只要被零售商接受，就可占用更大的货架面积，而竞争者所占用的货架面积当然就会相应减少。上海家化的"美加净""百爱神""六神"等品牌的洗发水，在抢占货架面积方面就取得了理想的效果。

（2）多种不同的品牌可吸引更多顾客，提高市场占有率。这是因为，一贯忠诚于某一品牌而不考虑其他品牌的消费者是很少的，大多数消费者都是品牌转换者。发展多种不同的品牌，才能赢得这些品牌转换者。

（3）发展多种不同的品牌有助于在企业内部各个产品部门、产品经理之间展开竞争，提高企业生产经营效率。

（4）发展多种不同的品牌可使企业深入到多个不同的细分市场，占领更广大的市场。采用多品牌策略的主要风险就是使用的品牌数量过多，以致每种品牌产品只有一个较小的市场份额。解决的办法就是对品牌进行筛选，剔除那些比较疲软的品牌。

第四节　厨柜产品定价

学习目标

结合影响价格的因素，制定合理定价策略。

【重点】

1. 成本因素

2. 需求因素

3. 竞争因素

4. 心理因素

5. 政策法规因素

6. 其他因素

【难点】

市场营销定价策略

任务讲解

影响价格的几大因素：

一、成本因素

成本是厨柜商品价格构成中最基本、最重要的因素，也是厨柜商品价格的最低经济界限。厨柜公司制定的价格除了应包括所有生产、销售、储运该产品的成本，还应考虑公司所承担的风险。这里对通常涉及的几个成本概念稍作分析。

1. 固定成本

固定成本是指不随产量变化而变化的成本，如固定资产折旧、月房租租金、行政人员的薪水、利息等。

2. 变动成本

变动成本是指随产量变化而变化的成本，如原材料、生产工人工资等。

3. 总成本

总成本是一定水平的生产所需的固定成本和变动成本的总和。

4. 平均固定成本

平均固定成本等于总固定成本除以产量。虽然固定成本不随产量的增减而变动，但是平均固定成本将随着产量的增加或减少而相应地下降或上升。

5. 平均变动成本

平均变动成本等于总变动成本除以产量。变动成本随产量的增减而同向增减，但平均变动成本不随产量变动而发生变动，其数额通常保持在某一特定水平上。

6. 平均总成本

平均总成本是给定的生产水平的单位成本，简称平均成本，它等于总成本除以产量，一般随产量的增加而减少。企业所制定的价格至少应该包括该单位成本。

7. 边际成本

边际成本是每增减一单位产量所增加或减少的总成本。

8. 机会成本

机会成本是企业从事某一项经营活动而放弃另一项经营活动的机会，即另一项经营活动本应取得的收益。

二、需求因素

成本为厨柜公司制定其厨柜产品的价格确定了底数，而厨柜市场需求则是价格的上限。价格受厨柜供给与需求的相互关系的影响，当厨柜商品的厨柜市场需求大于供给时，价格应高一些；当厨柜商品的市场需求小于供给时，价格应低一些。反过来，价格变动影响市场需求总量，从而影响销售量，进而影响企业目标的实现。因此，企业制定价格就必须了解价格变动对市场需求的影响程度。反映这种影响程度的一个指标就是厨柜商品需求的价格弹性。所谓需求的价格弹性（Price Elasticity of Demand），通常简称"需求弹性"，是指一种物品需求量对其价格变动反应程度的衡量，用需求量变动的百分比除以价格变动的百分比来计算。

不同物品的需求弹性存在着差异，特别是在消费品的需求弹性方面。造成不同物品需求弹性差异的主要因素有：

1. 产品对人们生活的重要性

通常情况下，米、盐等生活必需品需求弹性小，奢侈品的需求弹性大。

2. 商品的替代性

一种商品替代品的数目越多，则其需求弹性越大。因为价格上升时，消费者会转而购买其他替代品；价格下降，消费者会购买这种商品来取代其他替代品。

3. 消费者对商品的需求程度

需求程度大，弹性小。如当医药价格上升时，尽管人们会比平常看病的次数少一些，但不会大幅度地改变他们看病的次数。与此相比，当汽车的价格上升时，汽车的需求量会大幅度减少。

4. 商品的耐用程度

一般而言，使用寿命长的耐用消费品需求弹性大。

5. 产品用途的广泛性

用途单一的需求弹性小，用途广泛的需求弹性大。在美国，电力的需求弹性是 1.2，这就与其用途广泛相关，而小麦的需求弹性仅为 0.08，就与其用途单一有关。

6. 产品价格的高低

价格昂贵的商品需求弹性较大。由于商品的需求弹性会因时期、消费者收入水平和地区而不同，所以我们在考虑商品的需求弹性到底有多大时，往往不能只考虑其中的一种因素，而要全面考虑多种因素的综合作用。在我国，彩电、音响、冰箱等商品刚出现时，需弹性相当大，但随居民收入水平的提高和这些商品的普及，其需求弹性逐渐变小了。

三、竞争因素

从当前的整体厨柜市场的消费来看，一般以中端厨柜产品为主，低端和高端只有少部分，展示出来的是一种中间大、两头小的橄榄球式结构的市场分布形式。厨柜行业人表示，整体厨柜消费主要以城市工薪阶层为主，这部分人群的消费目标主要集中在中端市场。

国内高端厨柜以进口厨柜为主，消费群体主要以高端公寓、别墅居住者为主。厨柜与其他快速消费品有明显的区别，使用频率高且产品使用寿命较长，因此产品品质及其服务尤为重要。厨柜品牌的竞争除了要有品质作为保证以外，服务也同样重要。

四、心理因素

1. 厨柜经济消费型

这一类消费者大都收入不高，学历低，分布在年青一代和老年一代的人群中，大都是普通职员和技术人员。他们接触最多的是电视、报纸和互联网广告。在消费方面，价格是他们消费的关键因素，并不太注重品牌。他们追求平静和轻松，不习惯被约束，寻求健康、有活力的生活方式。

2. 厨柜理智消费型

这一类消费者普遍较年轻，文化水平较高，而且积极上进，对个人的发展有很清晰的目标，有社会责任感。他们对于消费方面会比较注重品质和性价比，是相对理性而且务实的一类。电视、互联网和报纸的广告对他们影响较大。

3. 厨柜炫耀消费型

这一类消费者不安于现状，在极限体验、冒险中寻求乐趣，也会努力尝试更多的生活方式。这一类人普遍收入水平高，年龄、文化和职业并没有显著的差异。他们接触电视、报纸和电台广播广告的机会较多。在消费方面，他们喜欢讲究个性和自我表现，而且具有符号消费特性，并不会太关注价格，喜欢购物和社交活动。

4. 厨柜时尚消费型

这一类中青年人比较多，他们的收入水平高，文化水平高，中间阶层的比例也高。他们追求标新立异，喜欢时尚，喜欢引人注意，也注重健康，会定时地参加运动和锻炼，也喜欢休闲娱乐和社交活动。对于消费，他们旨在追求时尚和个人表现，容易受到广告和潮流的影响，而且对产品的质量和安全也较为关注。因此，他们对电视、杂志和报纸类的广告接触较多。

5. 厨柜中庸消费型

对于消费，这一类消费者没有明显的消费心理偏好。大都是年轻人，收入不高，文化水平也没有显著差异，受电视广告的影响会更大。

五、政策法规因素

政府为了维护经济秩序，或为了其他目的，可能通过立法或者其他途径对厨柜企业的价格策略进行干预。政府的干预包括规定毛利率，规定最高、最低限价，限制价格的浮动幅度或者规定价格变动的审批手续，实行价格补贴等。因此企业制定价格时还必须考虑是否符合政府有关部门的政策和法令的规定。

六、其他因素

除以上因素外，还有其他许多因素也会影响厨柜企业价格的制定。如有时企业根据厨柜企业理念和厨柜企业形象设计的要求，需要对厨柜产品价格做出限制。例如，企业为了树立热心公益事业的形象，会将某些有关公益事业的产品价格定得较低；为了形成高贵的企业形象，将某些产品价格定得较高，等等。

第五节　厨柜定价目标

学习目标

熟练掌握五种厨柜定价目标。

【重点】

1. 以获取利润为定价目标
2. 以争取产品质量领先为定价目标
3. 以提高市场占有率为定价目标
4. 以应付和防止竞争为定价目标
5. 以维持生存为定价目标

【难点】

定价目标的选择

任务讲解

为了在竞争激烈的厨柜市场中求得生存，企业需要有明确的定价目标。企业的定价目标取决于企业的经营目标。不同企业、不同产品、不同时期、不同市场条件有着不同的定价目标。一般有五种定价目标可供企业选择。

一、以获取利润为定价目标

利润是企业从事经营活动的主要目标，也是厨柜企业生存和发展的源泉，不少厨柜企业直接以获取利润为定价目标。

1. 高利润产品定价

厨柜加盟店至少有一款是为了树品牌，为品牌站位的形象产品，可设定为高利润定价，高利润产品一般按进货价的两倍，根据不同市场情况可能会适当调整。对于自主研发，独一无二的产品或是领先特色产品，如厨柜行业中的防爆钢化玻璃台面，销售价格几乎是进货价的 4 倍。

2. 利润产品定价

利润产品是厨柜店面主要实现利润的销售产品，既能有一定销量占比又能实现利润，当仁不让是厨柜店的主要盈利点。利润型产品一般定价为进货价的 2.5 倍。

3. 走量产品定价

走量产品是厨柜店主要实现销售量的产品，对走量产品的定价主要针对市场中的目标竞争对手销量最大、消费者接受度最高的大众价位。

4. 促销产品定价

促销产品基本是各家厨柜店必有的一款产品，由于各家品牌定位不一样，所以促销价格也不一样，要突出体现品牌的高性价比，促销产品一般定价为进货价的 1.5 倍。

5. 狙击产品定价

狙击产品主要把核心竞争对手的走量产品定位为我方的狙击产品，狙击主要是通过实施低价策略，不计利润，从而起到打压和遏制对手的目的。定价也是根据狙击目标竞争对手某类产品价格来设定，狙击产品一般为售价的 1.3 倍。

二、以争取产品质量领先为定价目标

设定这种定价目标的厨柜企业，一般是在消费者中已享有一定声誉，为了维护和提高企业产品的质量和信誉，企业的厨柜产品必须有一个较高价格，这样一方面可以通过高价格带来较高的利润，弥补高质量和研究开发的高成本，保持产品质量的领先地位；另一方面，高价格本身就是厨柜产品质量、信誉的一种表现。这种定价目标利用了消费者的求名心理，制定一个较高的价格，有利于保持产品内在质量和外部形象的统一。

三、以提高市场占有率为定价目标

市场占有率是一个企业经营状况和企业产品在市场上竞争能力的直接反映，关系到企业的兴衰存亡。尤其当企业的某种产品处于市场成长阶段时更应把保持和增加市场占有率作为定价目标。实力雄厚的企业往往以低价策略来扩充其市场占有率。企业确信赢得最高的市场占有率之后将享有最低的成本和最高的长期利润。

美国近年来的营销研究表明，市场占有率与利润率之间存在着很高的内在关联度。

市场营销战略影响利润系统（Profit Impact of Market Strategy，缩写为 PIMS）的分析指出：当市场占有率在 10% 以下时，投资收益率大约为 8%；市场占有率在 10% ~ 20% 时，投资收益率在 14% 以上；市场占有率在 20% ~ 30% 时，投资收益率约为 22%；市场占有率在 30% ~ 40% 时，投资收益率约为 24%；市场占有率在 40% 以上时，投资收益率约为 29%。因此，以市场占有率为定价目标具有获取长期较好利润的可能性。

四、以应付和防止竞争为定价目标

随着市场竞争的加剧，应付或避免竞争作为一种定价目标已被越来越多的厨柜企业所采用。在此，有两种情况：一是实力雄厚的大企业，为防止竞争者进入自己的目标市场，故意把价格定得很低，抢先占领市场；二是中小企业在市场竞争激烈的情况下，以市场领导者的价格作为基础，并与自己的产品进行谨慎比较、权衡，然后根据企业自身的经营能力制定企业的产品价格，从而缓和竞争，稳定市场。

五、以维持生存为定价目标

当厨柜企业由于经营管理不善，或由于市场竞争激烈，顾客需求偏好突然发生变化，造成产品销路不畅，大量积压，资金难以周转时，厨柜企业被迫以维持生存为定价目标，以求渡过难关。这时厨柜企业为产品的定价，只要能收回变动成本或部分固定成本即可，以求迅速出售存货，收回资金。当然，这只是一种权宜之计，从长远看，由于固定资产的耗费不能在价格中得到补偿，厨柜企业将在固定资产寿命结束时难以为继。

第六节　厨柜定价的基本策略

📖 学习目标

会运用市场概念和市场特征分析市场，运用定价方法为产品制定合理的价格方案。

【重点】

1. 新厨柜定价策略
2. 厨柜产品组合定价策略
3. 地理定价策略
4. 心理定价策略
5. 折扣与让利定价策略
6. 价格调整策略

【难点】

运用合适的定价策略为产品提供恰当的定价方案。

任务讲解

在厨柜市场竞争中，厨柜企业不仅需要确定定价的具体方法，来确定厨柜的基础价格，还要善于根据厨柜市场环境和厨柜企业内部条件，运用灵活多变的定价策略修正或调整厨柜的基础价格。定价策略是为实现企业定价目标在特定的经营环境下采取的定价方针和价格竞争方式。

一、新厨柜定价策略

新厨柜定价，是指企业为处于介绍期的厨柜制定价格。新厨柜的定价是否合理，关系到新厨柜的开发与推广。在确定新厨柜的价格时，最重要的是充分考虑到用户愿意支付的价格。在较多的情况下，厨柜企业可能没有利润，甚至发生亏损。只有当产品打开市场销路，不断扩大生产量，使成本显著下降时，才能取得利润。目前，国内外关于新厨柜的定价策略主要有以下几种：

1. 撇脂定价策略

撇脂定价策略又称"取脂定价策略"。"撇脂"原意是指把牛奶表面的那层奶油撇出来，含有提取精华之意。撇脂定价策略是指新产品上市之初，将新产品的价格定得较高，在短期内获取高额利润，尽快收回投资。以后，随着销量的扩大，成本的降低，再逐步降低价格。而每次降价前，企业都已从不同层次的顾客身上取得了超额利润。所以，撇脂定价策略向我们提供了价格先高后低，逐步推进获取高额利润的思路。雷诺公司是成功运用撇脂定价策略的典型案例。

1945年的圣诞节即将到来时，为了欢度战后的第一个圣诞节，美国居民急切希望能买到新颖别致的商品作为圣诞礼物。美国的雷诺公司看准了这个时机，不惜资金和人力从阿根廷引进了当时美国人根本没有见过的原子笔（即圆珠笔），并在短时间内把它生产了出来。当时公司研制和生产出来的原子笔每支成本0.50美元，但专家们认为，这种产品在美国市场是第一次出现，奇货可居，尚无竞争者，最好是采用新产品的"撇脂定价策略"，即把产品的价格定得大大高于产品的成本，利用战后市场物资缺乏的状况和消费者的求新求好心理以及要求礼物商品新奇高贵的特点，用高价格来刺激顾客购买。这样，不仅能很快收回从阿根廷引进和生产该商品的投资，而且能把推出这种新产品的市场销售利润尽可能多地捞到手。同时，由于原子笔的生产技术并不复杂，如果竞争者蜂拥而上，公司再降价也主动。于是，雷诺公司以每支原子笔10美元的价格卖给零售商，零售商又以每支20美元的价格卖给消费者。尽管价格如此高昂，原子笔却在一时间由于其新颖、奇特和高贵而风靡美国，在市场上十分畅销。后来，其他厂家见利眼红，蜂拥而上，产品成本下降到0.10美元一支，市场零售价也仅卖到0.70美元，但此时雷诺公司早已大捞了一把了。

撇脂定价的适用条件是：新产品上市初期，在市场上奇货可居而又有大量的消费者；需求价格弹性较小，短期内没有类似的代用品；高价刺激竞争者出现的可能性不大。撇脂定价策略的优点是：能够尽快收回投资，赚取利润，在策略上有较大的主动性，等待需求减少或遇到竞争时，价格可逐渐下降，增强企业竞争力；由于价格是由高到低，因此还可获得较好的消费者心理效果；高价格高利润，还有利于企业筹集资金，扩大生产规模。其缺点是：定价较高，对消费者不利，也不利于企业的长期发展；新产品的市场形象未树立之前，定价过高，可能影响市场开拓；如果高价投放而销路旺盛，厚利将引来激烈的竞争，仿制品大量出现，会使价格惨跌。

2. 渗透定价策略

渗透定价策略指在新产品上市之初将价格定得低于预期价格，甚至可能低于产品成本，利用价廉迅速吸引大量购买者占领市场，取得较高的市场占有率。实质上，它是一种薄利多销的策略。美国的维克萨斯仪器公司是这种渗透定价策略的首先运用者，该公司借助所建的大工厂尽量把价格定得很低，从而赢得很大市场份额，成本也随之下降，然后又随成本下降进一步降低价格。

这种定价策略的适用条件是：新产品的需求价格弹性较大；生产和分销成本随产量和销量的扩大而降低；产品市场规模较大，存在着普遍的竞争。

采用渗透定价有许多优点，产品能迅速渗入市场，打开销路，增加产量，使成本随着生产的发展而下降；低价薄利，使竞争者望而却步，从而获得一定的市场优势。其不足是定价太低，不利于企业尽快回收投资成本，甚至产生亏损；有时容易在消费者心目中造成低档产品的印象。

3. 满意定价策略

满意定价策略又称"温和定价策略"或"君子定价策略"，是指在厨柜新产品上市之机，把价格定在高价与低价之间，在产品成本的基础上加适当利润，采取买卖双方都有利的温和策略。

综上，撇脂定价策略定价较高，对顾客不利，既容易引起消费者的不满和抵制，又容易引起市场竞争，具有一定的风险；渗透定价策略定价过低，虽然对消费者有利，但企业在新产品上市初期收入甚微，投资周期长。满意定价策略居于两者之间，既可避免撇脂定价策略因价高而具有的市场风险，又可以避免渗透定价策略因价低带来的困难，因而既有利于企业自身的利益，又有利于消费者。

满意定价策略适用于那些产销比较稳定的产品。其不足是有可能出现高不成低不就的情况，对购买者缺少吸引力，也难于短期内打开销路。

二、厨柜产品组合定价策略

当厨柜产品只是产品组合中的一个部分时，企业需制定一系列的价格，从而使整个产品组合取得整体的最大利润。在此有以下策略可供选择。

1. 单一价格定价

厨柜企业销售品种较多而成本差距不大的商品时，为了方便顾客挑选和内部管理的需要，厨柜企业所销售的全部产品实行单一的价格。如一些自助餐厅，每位顾客进店用餐，不管你吃多少，只有一个价格。又如一价服装店，这种商店经营裤子、衬衫、休闲衫、运动服等，还专门为青少年准备小号的服装，为身材高胖的妇女准备大号服装，这种商店重视商品质量并且每件价格一样。

2. 产品线定价

当厨柜企业生产的系列产品存在需求和成本的内在关联性时，为了充分发挥这种内在关联性的积极效应，采用产品线定价策略，即厨柜企业按一定距离的价格点来给系列产品定价。

在定价时，首先确定某种厨柜产品的最低价格，它在产品线中充当领袖价格，吸引消费者购买产品线中的其他产品；其次，确定厨柜产品线中某种产品的最高价格，它在厨柜产品线中充当品牌质量和收回投资的角色；再次，厨柜产品线中的其他产品也分别依据其在产品线中的角色不同而制定不同的价格。

在西方许多行业中，常常利用顾客对产品线系列产品形成的理解来定价。如在厨柜商店可将产品分三个档次，分别定价为500美元、1500美元和2500美元。顾客自然就会把这三种价格的产品分为低、中、高档，即使这三种价格都有所变化，顾客仍会按他们的习惯去购买某一档次的产品。

3. 选择产品定价

选择厨柜定价就是顾客购买相关商品时，提供多种价格方案以供顾客选择。各种选择的定价方案是鼓励顾客多买商品。如厨柜与吸油烟机的出售，可以有三种组合方式及其相应的价格供顾客选择：

（1）只买吸油烟机每台400元。

（2）只买厨柜每台2000元。

（3）厨柜与吸油烟机一起买，每套2200元。

可见，这种组合方式及其定价是鼓励顾客成套购进组合厨柜。

4. 俘虏产品定价

俘虏产品定价是指把相关产品中的主要产品的价格定得较低，以吸引顾客，这种商品称为"引诱品"，而把与主要产品一起使用的连带产品价格定得较高以赚取利润，这种产品称为"俘虏品"。当顾客以低价买了引诱品以后不得不以高价来买俘虏品。一般地，引诱品应当使用寿命较长，而俘虏品则是易耗品。如把剃须刀的价格定得较低，而把配套的刀片价格定得较高。采用这种策略的条件是俘虏品具有不可替代性。如某种型号的剃须刀片是其他刀片不能替代的。

美国的一个彩照实验室1988年推出了一个"俘虏"消费者的新招。它首先在各大学普遍散发宣传其彩色胶卷新产品的广告，除了说明新彩卷性能优越外，还说明由于是新产品，故定价不高，每卷只要1美元（柯达胶卷价格为每卷2美元多），以便让消费者有机会试一试。经济拮据的大学生们纷纷寄钱去购买。几天后，他们收到了胶卷以及一张"说明书"，其上写道：这种胶卷由于材料特殊，性能优良，因此，一般彩扩中心无法冲印，必须将拍摄后的胶卷寄回该实验室才行。说明书上还列出了冲印的价格，这些价格比一般的彩照扩印店的价格贵一倍。但是，每冲印一卷，该实验室将无偿赠送一卷新胶卷。精明的大学生仔细一算，发现损益相抵后，胶卷、冲洗、印片三者的总价格仍高于一般水平，无奈已先花费了1美元的"投资"，只得忍气吞声做了"俘虏"。

三、地理定价策略

地理定价策略是解决企业如何为其厨柜向分布在国内或世界不同地区的顾客定价的问题,特别是运费在变动成本中占较大比例时,更不可忽视。主要的地理定价策略有以下五种:

1. 产地定价

产地定价是以厨柜的产地价格或出厂价格为标准,从产地到目的地的运费和运输损失等费用全部由买方承担。这对于卖主是最省事、最方便的定价。一般适用于市场供应较为紧张的商品和产地地区的买主,对于路途较远、运费和风险较大的买主是不利的,有可能失去路途较远的顾客。

2. 统一运送定价

统一运送定价也称邮票定价法,就是对所有的买主,不论路程远近,由卖主将货物运往买主所在地,都收取同样的运费。这种定价策略适用于商品价值高而运杂费占成本比重小的商品,使买主感觉运送是免费的附加服务,有利于扩大和巩固买主,开拓市场。

3. 基点定价

基点定价是指卖方选定一些中心城市为定价基点,按基点到客户所在地的距离收取运费。采用这一定价策略对中小客户具有很大的吸引力,能够迅速提高市场占有率、扩大销售。这种定价策略适用于产品笨重、运费成本比例较高、生产分布较广、需求弹性小的产品。

4. 地带定价

地带定价是指卖方把销售市场划分为多个区域或地带,不同的区域或地带实行不同的价格,同区域内或同一地带实行统一价格,地带距离越远价格越低。这种做法有时会引起同一地带内靠近产地的顾客的抱怨,认为自己给远地的顾客补助了运费;其好处是便于管理全地区统一价格的广告。

5. 免收运费价

免收运费价是当企业急于同某个顾客或某个地区做成生意,自己负担部分或全部运费,而不向买方收取,这样可以增加销售额,使平均成本降低而足以补偿这部分运费开支,从而达到市场渗透的目的。

四、心理定价策略

心理定价策略是企业根据顾客购买商品时的心理动机相应采取的定价策略。具体又可分为以下几种策略:

1. 尾数定价

这是利用消费者的求准心理。经济学家的调查证明:价格尾数的微小差别,往往会产生不同的效果。宁取 9.9 元不定 10 元,使人有便宜的感觉。尾数定价还能使消费者产生定价认真的感觉,认为有尾数的价格是经过准确的成本核算才产生的价格,使消费者对定价产生信任感。尾数定价多用于需求价格弹性大的中低档商品,不适合于名牌高档商品。由于价格尾数的存在,也会给计价收款增加许多不便。

2. 整数定价

这是利用顾客的求真心理，价格不仅是商品的价值符号，也是商品质量的"指示器"。对价格较高的产品，如高档商品、耐用品或礼品，或者是消费者不大了解的商品，则可采取整数定价策略，以迎合消费者，货真价实"一分价钱一分货""便宜无好货、好货不便宜"的心理，激励消费者购买。例如对厨柜来说，宁标 1000 元而不标 999 元，以提高商品形象。

3. 声望定价

这是利用顾客的求名心理。声望定价往往把价格定得较高，这种定价策略适用于两种情况：

第一种情况，企业和产品声誉高。在消费者心中有声望的厨柜名牌企业、名牌商店、名牌商品，即使在市场上有同质同类的商品，用户也会愿意支付较高的价格购买他们的商品。认为高价代表高质量。

第二种情况，通过产品价格体现使用者的地位。为了适应某些消费者，特别是高收入阶层的虚荣心理，把某些实际价值不大的商品价格定得很高。如首饰、化妆品和古玩等，定价太低有失使用者的身份，反而卖不出去。

4. 招徕定价

这是零售商利用部分顾客求廉的心理，特意将某几种商品的价格定得较低以吸引顾客。其目的主要在于希望顾客到商店后连带购买正常价格的商品。某些商店随机推出降价商品，每天、每时都有一至两种商品降价出售，吸引顾客经常来采购廉价商品，同时也选购了其他正常价格的商品。有的零售商则利用节假日或换季时机举行"节日大酬宾""换季大减价"等活动，把部分商品降价出售吸引顾客。

五、折扣与让利定价策略

厨柜企业为了调动各类中间商和消费者购买商品的积极性，对基本价格实行折扣和让利价格，以鼓励购买者的积极性，或争取顾客长期购买。折扣与让利定价策略的具体形式很多，常用的有以下几种：

1. 现金折扣

厨柜企业对现金交易的顾客或按约定日期提前以现金支付货款的顾客，给予一定折扣。在分期供货的交易中常采用这种折扣方式，目的在于鼓励顾客提前付款，以加速企业资金周转。现金折扣的大小，一般应比银行存款利息率稍高一些，比贷款利率稍低一些，这样对企业和顾客双方都有好处。

2. 数量折扣

它指按购买数量的多少，分别给予不同的折扣，购买数量越多，折扣越大。鼓励大量购买，或集中购买。数量折扣实质上是将大量购买时所节约费用的一部分返回给购买者。数量折扣分为累计折扣和非累计折扣。

（1）非累计数量折扣。规定一次购买中产品达到一定数量或购买多种产品达到一定金额，给予折扣优惠。这种折扣不仅能够鼓励顾客大量购买，而且也能节省销售费用。

（2）累计数量折扣。规定顾客在一定时间内，购买商品达到一定数量或金额时，按总量的大小给予不同的折扣。这可以鼓励顾客经常向本企业购买，成为可依赖的长期客户。

3. 功能折扣

功能折扣又称交易折扣。制造商根据各类中间商在市场营销中发挥的作用和执行营销功能的差异，分别给予不同的折扣。折扣的大小，主要依据中间商所承担工作的风险而定。一般给予批发商的折扣较大，零售商的折扣较小，通常的做法是先定好零售价格，然后按不同的差价率顺序相加，依次制定各种批发价和零售价。例如，厨柜的零售价为 5000 元，对批发商、零售商的折扣率分别为 10% 和 5%，这样，给予批发商和零售商的折扣价格分别为 4500 元和 4750 元。

4. 季节折扣

经营季节性商品的企业，对销售淡季来采购的买主，给予折扣优惠，鼓励中间商及用户提前购买，减轻企业的仓储压力，加速资金周转，调节淡旺季之间的销售不均衡。这种定价策略主要适用于季节性较强的商品，包括常年生产季节消费或季节生产常年消费的商品。

5. 价格折让

它是指厨柜生产企业为了鼓励中间商开展各种促销活动，给予某种程度的报酬，或以津贴形式或以让价形式推广。让价主要有以下几种形式：

（1）促销折让。当中间商为厨柜产品提供各种促销活动时，如刊登广告、设置样品陈列窗等，生产者乐意给予津贴，或降低价格作为补偿。

（2）以旧换新折让。进入成熟期的耐用品，部分厨柜企业采用以旧换新的让价策略，刺激消费需求，促进产品的更新换代，扩大新一代产品的销售。

企业在市场营销过程中，由于竞争加剧，可同时采用多种折扣策略以度过危机。

六、价格调整策略

当厨柜企业的内部环境或外部环境发生变化时，厨柜企业必须调整价格，以适应激烈的市场竞争。

1. 主动降价策略

当厨柜企业遇到下列情况就要考虑降价：一是产量过多，库存积压严重，其他营销策略无效；二是在激烈的价格竞争中，市场占有率下降等，企业为了扩大销售或稳住市场占有率，只有降低销售价格。但降价要谨慎行事，降价容易引起价格竞争。在降价之前，卖方应向自己的代理商、经销商保证，降价后对他们原来的进货或存货，按新价退补降价损失，使长期客户以及该商品分销渠道的各个环节的利益得到保证，也保住了企业的市场。

2. 主动提价策略

厨柜企业在下列情况下可以考虑提价：一是严重的供不应求；二是资源供应短缺，生产成本上升。提价必然会引起顾客和中间商的不满，市场营销中应采用不同的措施，来平抑提价引起的不满。主要措施有：在供货合同中注明随时调价的条款；对商品的附加服务收费或取消附加服务；减少或取消折扣或津贴；改动产品的型号或增加某种功能等，并配合其他营销手段，消除提价的负面影响。

3. 竞争者提价后的价格调整策略

竞争者的产品提价，一般不会对企业造成严重威胁。对此，企业要采取两种策略：一是保持价格不变，从而扩大自己的市场份额；二是适当提价，但提价幅度低于竞争者的提价幅度，这样，既可以适当增加利润又能在市场竞争中占据有利地位。

4.竞争者降价后的价格调整策略

一般地说，竞争者降价总是经过充分准备的，而企业则在事先毫无准备，面对竞争对手降价，往往难以作出适当的抉择。所以，对企业来说，竞争者降价是最难应付的情况。

根据西方企业的经验，企业面对竞争者降价，有以下策略可供选择：一是维持原价不变；二是维持原价，同时改进产品质量或增加服务项目，加强广告宣传等；三是降价，同时努力保持产品质量和服务水平稳定不变；四是提价，同时推出某些新品牌，以围攻竞争对手的降价品牌；五是推出更廉价的产品进行反击。休柏林公司面对竞争对手的价格进攻，成功地运用了价格策略。

营销小课堂

美国的休柏林公司生产一种名叫斯美诺的酒，已占有23%的美国市场。后来，另一家公司推出了一种叫沃夫斯密特的酒。这家公司声称，沃夫斯密特的质量与斯美诺相仿，但是，每瓶酒便宜1美元。面对竞争者的低价攻势，休柏林公司有三种选择：

（1）斯美诺酒降价1美元。

（2）斯美诺酒价格不变，但增加广告促销费用。

（3）斯美诺酒价格不变，广告促销费用也不变，一切听其自然。

无论采取哪一种选择，休柏林公司的利润都将下降。因此，它似乎面临着一场打不赢的战争。

就在这时，一个奇特的主意在休柏林公司的市场营销者的头脑中产生了——休柏林公司把斯美诺酒的价格提高1美元。同时，该公司推出了一种新产品——莱斯卡牌酒，与竞争者的沃夫斯密特牌酒相抗衡（两者价格相同）。另外，休柏林公司还推出了另一个牌号的酒——波波夫牌酒，以低于沃夫斯密特牌酒的价格出售。这样，沃夫斯密特牌酒受到斯美诺、莱斯卡、波波夫三种牌号的酒的上下夹击，元气大伤。而对休柏林公司来说，虽然斯美诺酒的利润比以前下降了，但三种酒的口感大同小异，制造工艺类似，制造成本也不相上下。休柏林公司只不过是聪明地利用消费者的不同需求层次和不同心理，成功地使用了牌号夹击战术罢了。

营销锦囊

厨柜市场中，面对激烈的市场竞争，厨柜企业都想扩大自身的市场份额，最常用的战略便是"价格战"了。有时候，市场形势不错，有的厨柜企业盲目扩产，导致市场稍遇寒流，增加的产能就都压在了仓库里，这是很多产区都遭遇的问题。降价清库存，让生产线保持正常运转，死撑着不停是部分老板的心态。降价可以在短时期内救企业一命，但低价策略让厨柜企业的生命力变弱，若来年竞争更残酷，怕是面子就要撑破了。有企业负责人担心，一些同行为了眼前利益没有底线地降价，价格一旦降下去，以后就很难再提起来。低价也许可以换取销量，但量大不一定能够获得更多利润，反而将底价暴露，把市场做滥，让以后的生意更难做。

——"低价促销"备受青睐 但不利行业发展

案例

定价目标以利润为导向，一方面需要提高单值，维护高端店面形象，一方面也要考虑到量，保证市场占有率。

从产品布局上看，实木类以及吸塑类产品价位相对市场上同等产品价位要高，保证店面利润，如：艾利斯、鸢尾香旅 3S 等；七点三刻、三米阳光系列等相比市场上同等双饰面板产品价位相差不多，用来保证销售量。

得益于 160 亿的品牌价值，高质量的产品，优质的服务，极致的用户体验，店面总体定价在慈溪市场属于高价格范畴。同时高价格也保证了能为用户带来更好的品质及服务。从店面整体接单上看，平时接单占比较少，活动接单占比较多。平时接单主要消化一些单值较大的客户，保证店面的利润，维护好高端的店面形象。活动接单以量为主，利润相对平时低一些，但是总体利润可以得到保障。活动接单的价格大概控制在平时价格的 85%，扩大用户基数，增加市场占有率。

本章小结

影响定价的因素包括定价目标、成套、需求、竞争者的价格水平以及政府的政策法规等。企业定价目标主要有维持生存、当期利润最大化、市场占有率最大化、产品质量最优化。定价过程要采取的步骤是：选择定价目标、测定需求的价格弹性、估算成本、分析竞争对手的产品与价格、选择适当的定价方法、选定最后价格。企业定价有三种导向，即成本导向（包括成本加成定价法、增量分析定价法和目标定价法）、需求导向（包括感知价值定价法、反向定价法和需求差异定价法）和竞争导向（包括随行就市定价法和投标定价法）。

厨柜企业定价策略包括：新产品定价策略、产品组合定价策略、地理定价策略、心理定价策略、折扣定价策略以及差别定价策略。新产品定价包括撇脂定价、渗透定价和满意定价。产品组合定价包括产品大类定价、选择产品定价、补充产品定价、分部定价、副产品定价、产品系列定价。地理性定价包括原产地定价、统一运送定价、分区定价、基点定价和运费免收定价。心理定价包括声望定价、尾数定价、招徕定价、整数定价。价格折扣有五种类型，即现金折扣、数量折扣、功能折扣、季节折扣、价格折让。差别定价的主要形式有顾客差别定价、产品形式差别定价、产品部位差别定价和销售时间差别定价。基于互联网的定价策略包括低价定价策略、定制生产定价策略、使用定价策略、拍卖竞价策略、数字化产品的免费定价策略。企业处在不断变化的环境中，有时候需要主动降价或提价，有时候需要对竞争对手的变价做出适当反应。

拓展练习

思考题

1. 在我国现阶段，影响企业定价的最主要因素是什么？

2. 企业在什么情况下可以进行战略性降价？

3. 当竞争对手采取降价策略之后，企业该怎样回应？

4. 企业利用价格进行竞争时，要注意哪些问题？

5. 定价策略如何与其他营销组合策略协调配合？

第五章　厨柜促销

第一节　厨柜促销概论

学习目标

了解促销的含义及其包含的要素，抓住促销的主题并制定合理的促销方案。

【重点】

1. 促销的含义
2. 厨柜促销包含的要素
3. 促销的主题和策划案例

【难点】

制定一套切实可行的策划方案

任务讲解

通过掌握和理解营销的含义，结合厨柜实际产品，有针对性地对厨柜产品进行促销。

一、促销的含义

促销（Promotion）是指企业应用各种沟通方式、手段、媒介，向目标顾客传递商品或服务的信息，引起消费者的兴趣、注意，激发消费者的购买欲望，从而作出购买决策的一系列活动。促销本质上是一种通知、说服和沟通活动，即谁通过什么渠道（途径）对谁说什么内容。沟通者有意识地安排信息、选择渠道媒介，以便对特定沟通对象的行为与态度进行有效的影响。

二、厨柜促销包含的要素

厨柜作为消费品的一种，在消费品属性上与一般的消费品并无不同，因此反映在促销的包含要素组成上与一般消费品是一样的（见图5-1）。

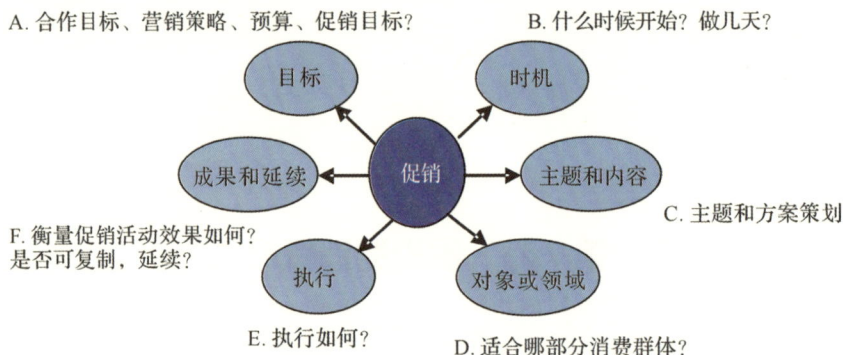

A.合作目标、营销策略、预算、促销目标？　　　B.什么时候开始？做几天？

目标　　　时机

成果和延续　　促销　　主题和内容

F.衡量促销活动效果如何？　　　　　　　　　　C.主题和方案策划
是否可复制，延续？

执行　　　对象或领域

E.执行如何？　　　D.适合哪部分消费群体？

图5-1　促销要素的组成

厨柜作为定制类建材产品有其特殊属性，这些属性最终会影响促销要素中各种策略选择上的不同。

首先，厨柜属于大宗耐用产品，一次购买使用的时间很长，客户决策周期很长。其次，厨柜的购买具有低关注高参与的特点，消费者在消费的过程中参与度很高，但是在不装修的其他时候对品牌的关注度很低。如何在客户高关注的时期更好地设计有吸引力的促销方案是促销的关键。再次是定制性，消费者家里的厨房环境各有不同，产品的规格都是按照消费者家里的实际环境来进行设计的。消费者对厨房的功能需求不一样，有的客户强调美观，有的客户重视收纳，还有的客户重视易打理。这些不同的需求需要促销方案中设计不同产品组合予以满足。最后是组合性，整体厨柜是由柜体、门板、台面、五金、厨房电器等组合而成的集合性产品，不同的产品组合能够衍生出不同的促销的组合策略。是着重在一个点发力还是在几个点打出组合拳，都是促销方案需要去考虑的问题。

1.厨柜促销的目标

一场促销的目标包含几个方面的内容，如合作的目标、营销策略、促销预算、销售目标。促销对市场现状及促销活动目的进行阐述。市场现状如何？开展这次促销活动的目的是什么？是处理库存？是提升销量？是打击竞争对手？是新品上市？还是提升品牌认知度及美誉度？只有目的明确，才能使促销活动有的放矢。

从本质上来说，任何一场促销活动的终极目标都是为了更多的销售，但因为所处的环境与时间节点不同，销售产品和面对的客户对象有所不同，从而造成促销目标的不同。

2.厨柜促销的时机

促销的时机指的是商家什么时候开始做，何时宣布，做几天，多长时间做一次。

传统的营销理论对促销时机的阐述基本上放在三个维度上：一是根据产品处在生命周期的不同阶段选择促销的时机。二是根据产品销售的淡旺季选择促销时机。三是对非季节性产品设计了全年促销活动时间表，抓促销时机。这些促销时机，以常规节假日、突发性事件和竞品针对性促销为选择依据。

前两个维度多是从市场营销的一般性理论出发，为了让读者更好地理解促销时机的选择，不具备有应用性。下文要讨论的促销更多是从应用层面出发，在当今激烈的市场竞争中找到合适的促销时机。

（1）厨柜的促销时机选择

厨柜促销的时机选择策略主要有以下四类。

①节假日促销：3月15日、五一、端午、中秋、国庆、圣诞、元旦。

商家根据客户的消费潜意识"节假日商家有优惠"制定节假日促销方案，以上几个节假日都是厨柜企业最常用的促销节假日。但随着促销的泛滥，现在也有不少企业反其道而行之，在节假日促销采用简单的跟随战术，在节假日前自行设计力度更大的促销，实现节假日前客户截杀。

②常规事件：开业促销、周年庆、明星签约、新品发布。

商家选择以上几种常见的内部事件制定促销方案，放大自己的事件对消费者的影响力，吸引客户的注意力，从而达到放大销售的目的。这本质上是一种"找理由"给客户利益的行为，没有机会创造机会，没有理由寻找理由。

③企业自创事件：金牌爱厨日、服务季；志邦厨柜的烤漆文化节、微笑服务季。

这种形式相对上一种来说就更为主动，这是一种创造理由从而创造促销的手段，一方面是做大声势吸引注意，另一方面通过创造理由培养消费者的消费习惯，起到一定的品牌宣传作用。在厨柜行业里比较知名的是自2013年起的"金牌爱厨日"、志邦厨柜的"烤漆文化节"。其他建材行业如"红星美凯龙爱家日""慕思全国睡眠日"。

④其他：各厨柜企业根据自己的营销计划选择促销时机、企业根据竞争对手的促销时机选择促销。跟随其他第三方营销机构组织的促销，如红星美凯龙爱家日卖场促销、各种展会、电商双十一等。

总体上说，现在厨柜进入一个高强度的竞争时代，无促不销，各种促销活动层出不穷，各种促销目的只有一个，更多地吸引客户的关注，达到销售的目的。促销时机的选择没有最好只有合适，只要符合自己企业的促销节奏都是好的时机。

（2）促销时机选择的原则

①符合自己的营销计划

商家按全年的营销计划的节奏选择促销的时机。

②符合客户的购买习惯

按照季节，从客户的购买关注点的有效时机选择促销时机（季节促销）。

③从竞争策略出发选择促销时机

根据市场竞争的情况，主动出击压制竞争对手选择促销时间、参照竞争对手的促销计划制定拦截对手活动。

（3）厨柜促销的持续时间

厨柜促销周期常见的选择是16天和23天，2个或3个完整周涵盖前一个或后一个周末，这个选择主要针对客户的购买习惯。厨柜是一个大宗耐用品，它的消费过程是一个客户高度关注的过程，客户在这个过程中需要充分获取信息，所以每次的客户接触时间都会比较长，周末的时候大部分的客户有时间与商家进行互动。

厨柜的一个促销周期基本上不超过一个月的时间，避免客户对促销信息疲劳，没有紧迫感,选择 16 天和 23 天都是合适的促销周期。

（4）厨柜促销的频率

事实上在现有的激烈竞争环境之下,厨柜行业与其他许多行业一样基本上进入一个无促不销的时代,商家几乎是月月有促销,所以基本上所有的商家在这个过程中都是按自己的全年营销计划来进行促销,基本上月月有主题促销,其间穿插一些其他促销形式进行促销。

3. 主题和方案策划

降价?价格折扣?赠品?抽奖?礼券?服务促销?演示促销?消费信用?还是其他促销工具?选择什么样的促销工具和什么样的促销主题,要考虑到促销活动的目标、竞争条件和环境及促销的费用预算和分配。这一部分是促销活动方案的核心部分,应该力求创新,使促销活动具有震撼力和排他性。

（1）主题的选择

主题的选择无非是借势与造势,促销主题的确定与选择的促销时机、促销工具、促销形式有比较大的关系。以下是几种常见的促销主题。

①开业促销活动,是最重要的一种,因为只有一次。是否成功,对顾客今后是否光顾有影响。所以应予以特别重视,一般开业的业绩可达平时的 5 倍。

举例：**欧派厨柜,王者归来**

志邦厨柜开业钜惠 女皇"价"到返现

②节庆促销活动,结合各种节日、庆典开展促销活动。例如春节、元旦、国庆、妇女节、情人节、母亲节、中秋节等。这时的促销活动一方面增加了节日的气氛,另一方面为顾客提供了购买选择。

举例：**欧派厨柜 约定五一,"价"给幸福**

志邦厨柜 礼享十一,金秋钜献

③企业事件类促销,一般而言,商家为在某个时间最大化地吸引客户眼球,在市场的促销中脱颖而出,设计具有震撼效果促销方案配合促销活动。这种促销一般是创造促销理由,除了单品促销之外,甚至联合其他异业商家做联盟促销。

举例：**金牌爱厨日**

金牌好厨柜,约"惠"好声音

欧派爱家计划

④竞争性促销活动,这是针对竞争对手推出的,目的是争夺顾客。

举例：**志邦 17 年 大牌"除贵"——万人空巷抢厨柜**

欧派 双节促销,"十"惠到底

每次促销活动都需要有一个主题,它是整个促销活动的灵魂。因为师出无名的促销活动是缺乏说服力和吸引力的。好的促销主题可以给消费者一个购买理由,有效规避价格战带来的品牌损害,所以主题一定要与促销需求相吻合,以简洁、新颖、亲和力强的语言来表达。在不偏离品牌形象的基础上做到易传播、易识别、时代感强、冲击力强,而不是司空见惯的"买一送一""震撼热卖""特价酬宾"。

商家要把主题的设计作为促销计划的核心,它是促销成败的关键。一个富有创意的促销主题往往会产生较大的震撼效果,能带来销售额的提高和品牌形象的提升。应当从目标顾客的角度出发挖掘最富有煽动性的促销活动主题,以此主题为整个推广活动的核心,整合各种促销要素，在终端与顾客形成互动的氛围，才能最大限度拉近顾客与产品、企业的心理距离，吸引一批稳定的忠诚消费群体，推动销售业绩的持续增长。

（2）厨柜促销主题设计的原则

促销活动主题要根据公司整体品牌战略目标来确定，与商品诉求和零售商的定位相一致，避免给目标顾客混乱的印象。

促销主题的设计应把握三个字："简、新、实"。

"简"是简单、易读、易记。

活动的口号一定要简单，读起来朗朗上口，这样才会比较容易记忆，最好不要超过十个字，比如"你零买，我整送""一句话送××产品"等。

"新"，即促销内容、促销方式、促销口号要富有创意、简洁、突出，并且朗朗上口，这样才能吸引人。

"实"，即简单明确，顾客能实实在在地得到更多的利益。

仅仅简单和新颖是不够的，我们都会关注与自己有关联的东西，你的口号再简单，没有和我相关的"利益点"，读起来顺口又怎么样，和我有什么关系，所以在口号的设计上要考虑到顾客的"买点"，也就是自己本次活动促销的"卖点"。另外，这个口号的设计一定要和促销内容板块承接，否则又成了两层皮，牛头不对马嘴，两层皮，可信度不足。

（3）促销策划

图 5-2 基本上涵盖了促销的策划的全部内容，下面以一个例子来说明一个厨柜促销方案策划的过程。

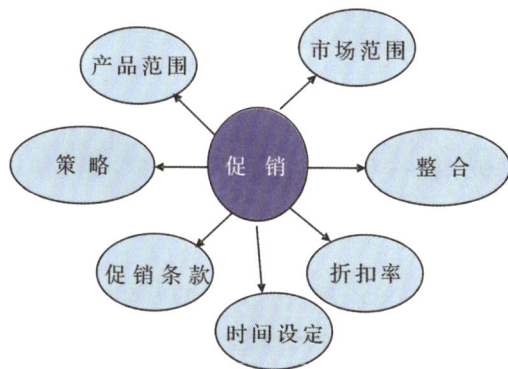

图 5-2　促销策划框架

![案例]

2015 年 4 月 ×× 厨柜促销方案

一、活动背景

本次促销档期处在五一促销档的前期。此阶段客户普遍持观望态度。本促销方案通过对春季新品的包装，传递 ×× 研发实力与优良品质，为品牌保温。同时结合早定更优惠的政策，消化观望客户。

据悉，新品报价文件将于 3 月 18 日前通过 EKP 发文、新品样块将于 4 月底到位。

为准备充分，我们将新品上市时间设为"6 月 6 日"。单页背面已通过"新品 6 月 6 日上市，即日起接受预定"进行说明。这样既借用了"新品发布"的噱头，又为客户订购新品留下缓冲时间。

二、活动时间
2015 年 3 月 23 日至 4 月 10 日（19 天）

三、活动地点
××厨柜全国展厅

四、活动主题

×× 厨柜 一路领鲜

贺 ×× 厨柜 2015 春季新品领鲜发布

五、促销提炼
1. **抢千元** 烹饪神器
2. **享百万** 厨柜基金
3. **赢巨额** 电器大奖

六、促销内容
活动一、抢千元　烹饪神器

活动期间，交定金或签合同购买 ×× 厨柜（上下柜＋台板），前 10 名即赠价值 1320 元的 MALIO 灶具一台（型号：7102S.2G）。数量有限，送完即止。

操作说明：

方案力度是下定客户都可以送灶具。

为促使客户早下定，销售话术统一为"**前 10 名下定客户，送 MALIO 灶具，数量有限，送完即止**"。

活动二、享百万　厨柜基金

活动期间，交定金或签合同购买 ×× 厨柜（上下柜＋台板），即赠自制品成交价 15% 的配件或厨电、厨居产品。前 10 名加赠 300 元红包，可抵扣配件或厨电、厨居产品。

（杜邦可丽耐、赛丽石、三星等进口台板不参与返赠）

操作说明：

方案力度是下定客户都可以送 300 元红包。

为促使客户早下定，销售话术统一为"**前 10 名下定客户，加赠 300 元红包，数量有限，送完即止**"。

活动三、赢巨额　电器大奖

活动期间，交定金或签合同购买 ×× 厨柜（上下柜＋台板），有机会获得价值 4020 元的 MALIO 吸油烟机（型号：NDI93.SG）、价值 890 元的 TVS 复底彩锅、价值 298 元的亮紫桶刀 4 件套，100% 中奖！

操作说明：

预估单店 10 单计算，请按实际单数调整。建议以砸金蛋方式进行抽奖。

4020 元 MALIO 吸油烟机　　　　　1 名

890 元 TVS 复底彩锅　　　　　　3 名

298 元亮紫桶刀 4 件套　　　　　6 名

（4）厨柜促销对象或领域

厨柜的促销针对的是以下消费者：

第一类：未交房客户。培养客户的消费意识、加强客户的品牌认知。

这一类属于客户群体中的潜在客户，主要是为了加强这部分客户对品牌的认知，加强宣导。但随着市场竞争的越来越激烈，这部分的客户目前也比较容易转化为现实的客户，只要促销方案得当，对客户有吸引力，通过比较强的宣导，客户也会提前消费。

第二类：装修期的客户。主要是为了销售。

这一类客户是促销过程中的主要客户，这部分客户现实的购买需求已经摆在眼前。能否促使客户下定购买，主要取决于促销方案对他们的吸引力。

第三类：老客户。通过维护老客户实现以老带新。

每次促销过程中老客户都是不可或缺的部分，厨柜销售比较重要的一点是口碑的传递。老客户的口碑能带来一部分新客户，而且这部分客户对品牌的认知比较强，较容易成交。所以在促销的设计中不乏专门针对老客户的促销条款。

（5）促销预算

①销售百分比法。该法以目前或预估的销货额为基准乘以一定的百分比作为促销预算。这是最常用的一种办法，将促销预算直接按照销售百分百预估，直接计入成本，能够很好地控制总的销售成本。

②量入而出法。该法是以地区或公司负担得起的促销费用为促销预算，是指将促销预算设定在公司所能负担的水平上。以该方法决定预算，不但忽视了促销活动对销售量的影响，而且每年促销预算多寡不定，使得长期的市场规划相当困难。

③竞争对等法。该法以主要竞争对手的促销费用支出或平均的费用为促销预算。公司留意竞争者的广告，或从刊物和商业协会获得行业促销费用的估计，然后依行业平均水平来制定预算。采用这种方法的原因包括：

A. 竞争者的预算代表整个行业智慧的结晶。

B. 各竞争者若互相看齐，常能避免发生促销战。但公司没有理由相信竞争者能以合理的方法为它提供促销费用预算。各公司的情形都大不相同，其促销预算又怎能为别的公司所效仿，而且也无证据显示，以竞争者看齐的方式编列促销预算就能真正防止促销战的爆发。

④目标任务法。促销预算是根据营销推广目的而决定的，营销人员首先设定其市场目标，然后评估为达成该项目所需投入的促销费用。目标任务法是最合逻辑的预算编列法。以目标任务法编列促销预算，必须：

A. 尽可能明确地制订促销目标。

B. 确定实现这些目标所应执行的任务。

C. 估计执行这些任务的成本，成本之和就是预计的促销预算。

目标任务法能使管理当局明确费用多少和促销结果之间的关系，然而它却是最难实施的方法。因为通常很难算出哪一个任务会完成特定目标。

另外，应特别注意的是，许多促销效果是累计性的，必须到一定的程度才能发挥应有的效果。如果促销费用忽上忽下，或发生中断，都会使促销效果无法延续，还可能会打击内部士气。

（6）促销执行及评估

①促销的执行

- 促销动员、人员培训（直接影响展厅销售的积极性）
- 商品方面（创造良好的样柜环境）
- 广告宣传方面（广告造势力度如何，消费者是否理解）
- 展厅终端布置（节日和促销氛围营造，感染、刺激消费者）
- 市场变化（观察促销带来的市场变化，纠偏）

②促销的评估

- 促销评估

促销的评估主要分成两个方面，一是促销带来的销售结果的评估，这是最重要的一个评估。二是促销执行过程的评估，就促销执行过程中产生的问题进行评估。

- 促销复制
- 促销延续

促销的复制与延续都是促销结束后的动作，通过充分的评估，对促销活动的再一次执行的细节进行推敲、摸索。对有益的促销活动保留，以备再次使用。

第二节　厨柜促销的常用工具与形式

学习目标

了解促销常用的工具，促销的形式以及促销组合。

【重点】

1. 常用促销工具
2. 常用促销形式
3. 促销组合

【难点】

了解掌握促销常用的工具及形式，根据产品属性制定合理的促销组合。

任务讲解

学习并掌握想用的促销工具和形式，结合实际案例，为厨柜产品制定合理的促销方案。

一、常用促销工具

表 5-1　厨柜促销的常用工具

类别	明细	主要内容	举例
折扣	直接折扣	全单折扣，正常报价基础上全单直接折扣	全单 8 折等
	联购连环扣	异业联盟与其他品类联合促销时，单买一个品类是一个折扣，买两个品类、多个品类又是一个折扣	厨柜、衣柜、瓷砖、卫浴、木门、吊顶、墙纸、床（床垫）8 个品类联盟活动，购买其中任一品类享该品类促销折扣，买两种则总价享 98 折，之后每多买一种品类则总价再多降 1%
返券	现金券	购买一定金额产品，按一定比例发放现金券，现金券可直接抵用合同款	
	电器、配件抵用券	购买一定金额产品，按一定比例发放配件电器抵用券，可当现金券直接抵用合同款中的配件电器部分	
	增值品抵用券	购买一定金额产品，按一定比例发放增值品抵用券，可当现金券购买公司其他产品，不足的部分现金补足	
买赠	即买即赠	凡购买厨柜正单（一套完整厨柜）即可以获赠电器、配件、礼品等	买厨柜送灶，买厨柜送抽屉，买厨柜送锅具等
	满额获赠	凡购买厨柜正单（一套完整厨柜）并且达到一定的金额，即可获赠电器、配件、礼品等	1. 买满 10000 元送价值 5999 元吸油烟机灶具 2. 3 米送 1 米
	买产品送服务	凡购买厨柜正单（一套完整厨柜），可获得额外的服务	保质期之外的延保、免费安装等等
限定条件优惠	限时优惠	在一定时间内下单，即可获得额外的优惠，意在加大刺激	经常发生在营销活动现场，活动现场下单额外赠送礼品、额外加大优惠
	限量优惠	特价品限定购买数量，一定数量之内的客户购买给予特别的优惠	1. 活动期间内前 20 名（或其他）下单，赠送礼品 2. 特价产品全国仅 200 套（或其他数量）
	限定其他条件优惠	1. 购买推广期的新品获得特殊的优惠 2. 老客户二次买有优惠，老客户推荐购买有优惠	

续表

类别	明细	主要内容	举例
特价	特价部件	特价台面、特价电器	
	特价套餐	限定米数及配件的产品套餐	原价12888元,特价8888元。含3米地柜,1米2吊柜,3米石英石台面,一组抽屉、水槽龙头,一组拉篮
返现	定金增值	定金交1000抵2000（或其他金额),相当于总价优惠1000元	
	满额返现	为刺激客户提前交款,设置规则如交满5000元返3%,交满10000元返5%,交20000元返7%现金。目的是为了多收款	
抽奖	按交款金额抽奖	按客户交款金额,每1000元1张奖券,集中抽奖,多交款提高中奖概率。目的是刺激客户交款	多发生在集中落地活动现场
	按订单数量抽奖	按客户个数每人抽奖一次,目的是刺激客户下单	多发生在销售展厅,每10个客户一组,设置10个礼品,人人有奖

二、常用促销形式

表5-2　厨柜促销形式

类别	明细	描述
单品	内购会	集中邀约一部分在展厅日常销售过程中犹豫不决,难以下单的客户。找一个理由给客户一个更优惠的价格,在相对封闭的空间营造神秘感以及会有惊喜的感觉,让客户集中下单
	样板房征集	以征集展示样板房的名义给予一部分的客户特别的优惠,一方面是找到促销的理由,一方面是可以增强宣传效果
	小区团购	针对某一或某几个特定小区的客户,量身定做产品套路及产品促销方案,给客户较好的消费体验以及特殊对待的尊贵感,集中客户到展厅下单
	夜宴	邀约部分有意向的客户,在某一个晚上在展厅集中下单。环境相对封闭,容易引导造成客户的消费冲动
	展厅周末爆破	邀约部分有意向的客户,周末在展厅集中下单。与夜宴不同的是,环境开放,容易吸引原本不是展厅意向客户的那部分商场客户

类　别	明　细	描　述
异业联盟	联合促销落地	多品类联合投放，联合邀约客户，集中多个参与商家的力量邀约客户，设置连环折扣、现场抽奖等促销工具，放大促销的力度。集中在某时间点邀约客户到场。多品类单品牌，多品类多品牌
	砍价会	与联合促销落地类似，唯一不同的地方在于砍价环节，专业的砍价师与客户互动，给客户以价格上的期待，有助于订单促成
	展会	更大规模的一种联合营销活动，本质目的都是销售
	工厂直供	形式与一般的异业联盟无不同，工厂直供的噱头容易引起客户对价格的期待，有助于订单的达成

无论是单品的促销还是联盟的促销，其最终目的都是销售。联盟的促销只不过是放大版的单品促销，更是品牌之间的抱团，通过多品牌的参与降低单品的投入成本，客户信息能达成共享，使得促销活动更有效率。无论采用哪种形式到最后还是要看促销方式是否吸引人，促销执行是否到位。

三、促销的组合

每一次的促销活动形式上都是单一的选择，但促销工具上都不是单一的选择，而是多种促销工具的结合使用，是在促销力度上合理设计之后的组合拳，选择哪几种促销工具取决于厂家在一场促销中的成本控制与目标达成的要求。

第三节　厨柜促销流程与节点管理

学 习 目 标

掌握促销的流程及具体执行过程。

【重点】

1. 厨柜促销策划的基本流程
2. 厨柜促销的推广及执行

【难点】

学习掌握促销活动的流程及执行过程

任务讲解

按照促销的流程，完整地制定一套切实可行的厨柜促销流程，并注意管理促销流程的每个节点。

一、厨柜促销策划

1. 促销策划的六个基本流程

表 5-3　促销策划的六个基本流程

环　节	流　程		简　述
1	促销 "碰头会"		促销背景、促销目的、促销时间等
2	开始策划 "初稿"	主题、副标题	主题方向
		促销内容	内容包装
		成本测算	促销成本测算
		品牌事件梳理	品促结合
		平面设计	平面创意
3	促销 "确认会"		初步确认
4	促销力度 "审核"		力度审核
5	促销 "确认会"		最终确认
6	促销方案 "下发"		各营销单元主要管理层 + 各地企划

2. 促销主题的思考

（1）社会节日类、公司节庆类：建议直接的促销主题，活动期间，促销满街飞；直接的促销力度更让消费者一眼明了。

（2）公司事件类：主要作品牌诉求，相对淡季时，适时偶尔推出 "品牌味" 较浓的促销，提升品牌高度。

（3）社会事件类：创意、流行、民生；以 "好玩" "好看" 吸引眼球。以引起消费者共鸣为出发点。

延伸阅读——促销主题案例

表5-4 促销主题案例

社会节日类	五星金牌 一惠冲冠——买10000送4000, 畅爽伦敦金牌之旅	十月围城 飓惠风暴——金牌厨柜中秋国庆空前大悦宾
公司节庆类	驰名中国 周年大惠——3月金牌厨柜畅销全国十三年感恩巨献	
社会事件类	为金牌喝彩——金牌厨柜为中国健儿加油·抢金牌三重礼	
公司事件类	金牌礼遇 感谢有你!——第13届金牌厨柜服务季感恩启航	厨房航母来了!——贺金牌厨柜"航母级"II期产业基地建成投产

3. 厨柜促销常见内容

表5-5 厨柜促销常见内容

类别	促销内容	使用方式	成本核算
一重礼	定金客户,以每户控制在≤500元(现金)为例	当现金用	按现金金额
		公司内部配件或赠品	按产品成本价≤500元
		外部采购赠品	按采购价≤500元
二重礼	配件礼包(例:以价格为1000元为例)	抽屉、水槽龙头	按赠品的成本计算
		≈1000元公司配件	
		自制品成交价≈×%配件,厨居、厨电返赠	
三重礼	自制品成交价×%的厨电、厨居、配件赠送	直接返赠	按返赠产品成本价计算
		阶梯返赠	
		指定公司内部产品返赠	
四重礼	套餐	指定金额+指定配置	符合公司促销的最低要求
		买赠套餐	
		其他各单元自行申请套餐	
五重礼	厨电、配件单独活动	厨电	符合公司促销的最低要求
		其他配件	

二、厨柜促销的推广

表 5-6　厨柜促销常见推广手段

类　别	明　细	描　述	备　注
高空推广	电视	配合一场大的促销，在促销期间电视、广播、报纸、网络广告换成针对促销的广告	全国大型促销使用，成本较高
	广播		
	报纸		
	网络		
中空推广	建材城广告换装	促销期间将营业地所在市区所有平面都换成促销画面	营销区域内较大型活动使用
	市区大牌换装		
	市区其他广告		
地面推广	小区广告	推广小区换画灯箱	每次促销都会使用
	展厅布置	展厅布置营造促销氛围	
	DM 单页	聘请临促人员发放促销单页	
	电话、短信	销售人员或专业电话销售人员电话邀约客户	

三、厨柜促销的执行

1. 目标制定及分解

（1）销售单元按照本年度业绩情况及前一年同期的完成情况确定本次活动的销售单元接单目标（或收款目标）。

（2）参加促销活动的全体销售人员，自行制定个人的活动期间的接单目标（或收款目标）。

（3）销售单元接单目标分解，调整各自人员接单目标，最终确定销售单元所有员工的活动目标。

2. 确认预算

销售单元根据目标确认此次活动的总体预算。

3. 媒体、推广资源整理及确定

（1）根据预算盘点销售单元现有的所有的高空、中空、贴地的广告资源。

（2）确定资源的投放时间以及节奏。

4. 活动激励方案

（1）在每次活动中创造销售单元的内部竞争环境。以展厅、销售业务、个人为单元分层次展开销售单元业务竞赛。

（2）制定销售单元的活动考核方案和激励方案。在活动过程中分节点兑现。

（3）在活动过程中如有必要可以适当加大激励的力度，以刺激员工达成业绩。

案例

×× 公司五一促销激励方案

一、考评区域及考核任务

PK组	考评单元	保底收款任务	全年考核任务
一组	大钟寺	41	470
	北居然	152	1150
二组	西居然	28	320
	东红星	45	520
三组	北红星	44	510
	丽泽居然	21	240
四组	南居然	57	660
	东居然	76	880
五组	大兴居然	16	185
	西红星	21	270
六组	家装业务部	200	2080
	小区业务部	42	800

二、竞赛方案

（一）营收款达标激励

1.营收业绩确认

（1）业绩时间段：4月19日—5月3日。

（2）以公司财务确认的营收款业绩作为完成业绩。

2.本次奖金匹配

	部门A	部门B	合计
竞赛本金	500	500	1000
公司匹配	完成保底收款任务		1000

每个考核单元完成保底收款任务，部门奖励1000元。

（二）营收款PK激励

奖罚规则：

PK组　　　负方向胜方进贡500元。

　　　　　胜方另获公司1000元奖励（须超过保底任务）

1.双方都完成保底任务的情况下，业绩完成率高的部门获胜。

2.两方均未达成保底任务，达成率高的一方获胜，获得对方的竞赛本金，但公司回收本竞赛阶段匹配的奖金。

（三）五一促销落地现场收款激励

1.现场收款，以2万元为收款单位，每收款2万元奖励50元。

2. 预计现场收款 260 万元。

三、考评流程及结果公布

奖金发放：

1. 各部门以现金缴纳的方式作为本次业绩竞赛本金。

2. 考评结果于该考核阶段次月完成归集，汇总至运营管理一科备案并作公示，公示无异议后，个人奖金部分在动员会发放，公司匹配部分在当月工资内发放。

四、费用预算

1. 营收款达标激励

  12000 元

2. 营收款 PK 激励

  6000 元

3. 五一活动落地现场收款激励

  6500 元

预算合计：24500 元

5. 活动动员

（1）活动开始之前，销售单元有必要召开全员动员会议，销售单元所有营销人员及部分后勤保障人员必须出席。

（2）会议上宣布此次活动的目标，以及各营销单元的目标。

（3）公布此次活动激励政策。

（4）详细讲解活动的内容，培训话术。

（5）明确活动中各种安排的人员分工及负责人。

6. 会务组织

（1）根据活动期的时间长短，一般每周进行一次活动进程总结会。销售单元一、二把手及各分工小组组长参加。汇报工作进展，解决活动过程中实际出现的问题。

（2）各小组在条件允许的情况下，原则上每天需召开简短（约 15 分钟）早会、晚会。

（3）活动结束后召开活动总结会，总结活动过程得失，兑现促销活动的激励政策，表彰先进。

7. 人员组织

活动成功与否关键是执行，为了将这项最重要的工作落实到位，活动采用项目负责制（各销售单元根据人力情况自行安排，务求促销期间全员参与）：

（1）活动组委会，各项目组长由销售单元经理、助理，业务部经理、助理，展厅经理、助理担任；

（2）主要职责：促销方案的敲定及改善、对外宣传口径、活动的全程监控、推广人员的培训调配；

（3）促销委员会下设：电话推广组、短信推广组、小区推广组、媒体热线组、家装推广组、门店布置巡查组、信息统计组（可身兼数职）；

（4）在活动前 3 天，各项目组长向销售单元促销委员会汇报各项目组的行动方案。

四、厨柜促销评估

厨柜促销的评估分为两个大的方向：一是过程评估，二是事后评估。评估的重点都是从过程和结果两个维度对活动效果进行测量，以观察活动的复制和延续性。

1. 过程评估

促销的过程评估主要包括：

（1）促销内容评估

根据促销过程客户对促销内容的反馈评估促销内容的有效性，若能较早地发现问题，也可以在促销的前期进行方案调整。

（2）促销推广评估

促销过程中对本次促销中采用的促销推广途径、资源使用、客户到达率进行评估，以便在未来的促销推广过程中做相应的调整。

（3）促销执行评估

通过促销的阶段会议观察、总结促销推进过程执行中的问题，每一次的总结会都是一次执行的调整会。

2. 事后评估

促销的事后评估是对促销过程的全面评估，主要评估指标就是促销目标的达成。对促销目标达成情况有初步的认知之后，反查过程中存在的问题，总结解决办法。

第四节　厨柜促销的创新

学习目标

通过案例学习创新的促销方式。

【重点】
掌握促销的主题、方式、内容，进行创新促销。

【难点】
运用创新的主题方式进行有效的促销活动

任务讲解

除了常用的促销工具及形式以外，还要有创新的意识。创新包括在整体营销流程中的每个环节。

一、促销主题创新

一个有吸引力、感染性强的主题，往往能收到事半功倍的效果。

主题不浮夸，要创新，也要有价值感。

（1）表现形式：一个口号，一句陈述或一个表达。

（2）独特新颖，鲜明个性，简明扼要，高度概括，悦耳动听，有强烈的感染力和号召力（3秒记住）。

（3）形象化，有吸引力。

案例 1

2009 年厦门异业联盟促销活动主题

二、促销方式创新

1. 产品促销高招

包括样品赠送、包装体验（针对快销品）和创新产品促销。

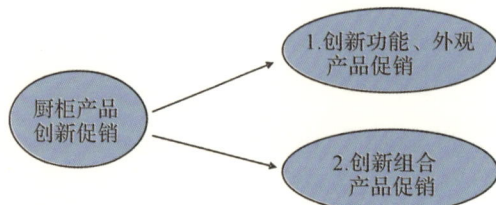

厨柜产品创新促销
1.创新功能、外观产品促销
2.创新组合产品促销

图 5-3 产品促销高招

××厨柜新奢华套餐抢鲜体验（创新功能、外观产品促销）

××厨柜绿色风暴、QQ套餐　超值套餐、精英套餐（组合创新）

2. 赠品促销高招

（1）即买即送

一般消费者都有贪便宜的心理，因此，赠品是刺激顾客购买较有效的直接方法。而即买即赠的现场赠送方式又颇受消费者的欢迎。

首先，赠品对消费者是否具有足够的吸引力是关键

赠品的吸引力

赠品关联度

看赠品与品牌的内在关联度，关联度越大，越利于品牌的传播，越容易让消费者在使用过程中产生联想，这样才会让消费者重复购买，从而建立品牌的忠诚度

赠品选择注意事项

严格管理赠品

对赠品进行严格管理，要防止促销人员乱发放赠品而出现短缺现象，影响商品的正常销售

图 5-4　赠品选择注意事项

即买即送的几种选择

购买家用类礼品，分成大小不同的礼品组合，用博饼或刮奖的形式呈现（好处：展厅有陈列、有大奖吸引客户）；

直接赠送和主题有关的礼品，便于推广；

嫁接关联产品（厨房电器等）促销，赠送大额的抵用券。

（2）付费赠送

由顾客支付赠品的全部成本，付费赠送。它是以消费者购买某种商品为前提，是其以这种低价格在别的地方购买不到的。

案例 4

常见的付费赠送促销活动

如：超值套餐中，+588 元，送 1999 元的消毒柜一台。

再如：订购厨柜自制品达到 20000.00 元以上，+88 元赠送价值人民币 3640 元的超级大礼包：

厨电当家 加1元赠 油烟机 燃气灶

"××"厨电新品推广月 凡是购买"××"厨柜(柜体+台面)金额达到10000-15000元均可享受

+1元获赠1750元的××燃气灶一台　+1元获赠2700元的××油烟机一台

凡活动期间可预付1000元定金购买"××"，均可享受本次活动（限量前50名订单客户）
活动时间：2009年8月1日-8月31日

A）赠送金牌围裙 1 条，价值人民币 10 元。

B）赠送奥地利百隆阻尼抽屉一组，价值人民币 1730 元。

C）赠送 MALIO-PM34527 水槽（含 MT201 龙头）一套，价值人民币 1900 元。

3. 价格促销有高招

在所有促销技巧中，价格促销是最直接、最有效、消费者最敏感的促销方式之一，也最易于实施执行。由于商家采取直接让利的方式给消费者实实在在的优惠，因而颇受消费者青睐。特别是在占有 80% 以上中低消费人群的城市，价格促销更见其效。

价格促销是一把利剑，会用剑的人可以有效攻击敌人，一击致命；不会用剑的人不但不能攻击敌人，反而会伤及自身。

案例 5

4. 有奖促销高招

（1）免费抽奖

调动几乎所有人的神经，参与度有着明显作用。品牌知名度、美誉度快速提升。

（2）购买抽奖

设置刺激性强的奖项，促进购买。

（3）免费领奖

设置时尚、实用的小礼品或体验产品，提升人气。

5. 活动促销高招

市场经济飞速发展，而今已是信息过剩的时代，传统的广告宣传早已使消费者的视听麻木，频繁的公式化促销方式他们早已厌倦，无法再激起购买的冲动，那么，用什么手段才能吸引顾客的注意力？——精心策划的一场场主题活动促销！

主题促销：自创性主题促销

名人效应：①名人现场签售活动

②名人现场表演活动

③赞助促销：公益活动赞助

案例 6

××厨柜厨房文化节（自创性主题促销）

案例 7

顶级联盟，情系玉树（公益性促销）

公益活动体现了企业关心社会、关心人类的美好形象，因此是十分高明的促销手段，如果策划得好，赞助促销能够成为新闻的焦点，从而在公众中引起强烈的反响，达到宣传和促销的目的。如赞助希望工程、重视环境保护、赈灾、抗洪、抗雪等等，抓时间节点。

三、促销内容创新

1. 针对不同的目标群体

产品特点不同，目标群体也各异。充分分析了解目标群体的特点与需求，策划适合他们特点、爱好及需求的促销活动，将会起到最明显的促销的效果。

2. 针对不同的时间节点

（1）节令性促销针对节日的主题创新，一年四季季节性变化，促销的内容也不一样。

（2）可供借势的时事：必能收到事半功倍的效果。

3. 针对竞争对手的弱势

充分分析竞争对手的弱点，有针对性地扬自所长、攻其所短策划一系列促销活动，变竞争对手的消费者为自己的消费者。

4. 针对企业不同的发展时期

根据企业及产品独特优势竞争力，设计区别性促销活动方式，充分体现出自我品牌或产品在市场中的优势。

案例8

"天高峰尚"厨房方案展（不同群体）

世界杯主题促销（善抓时间节点）

案例 10

针对竞争对手产品升级促销

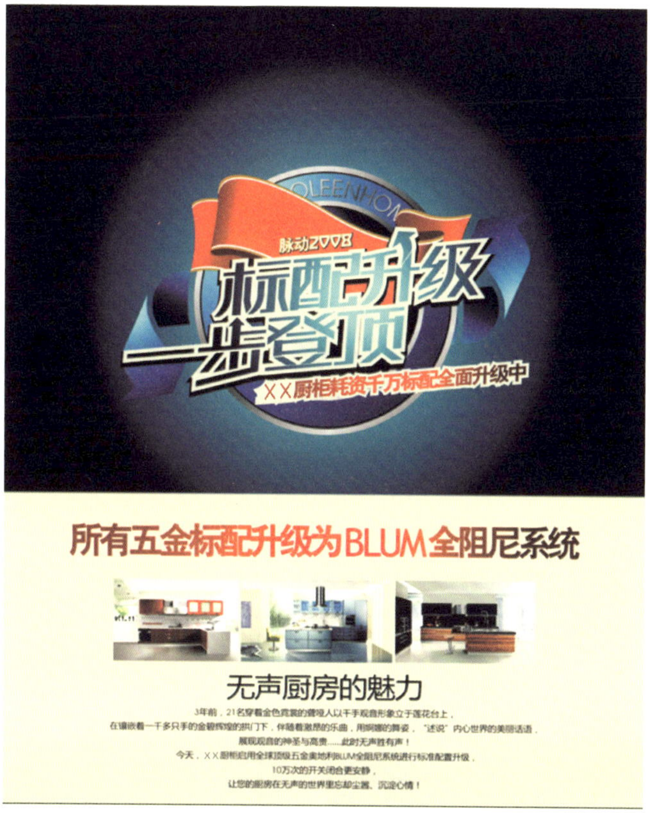

案例 11

针对企业大事件（不同发展时期）

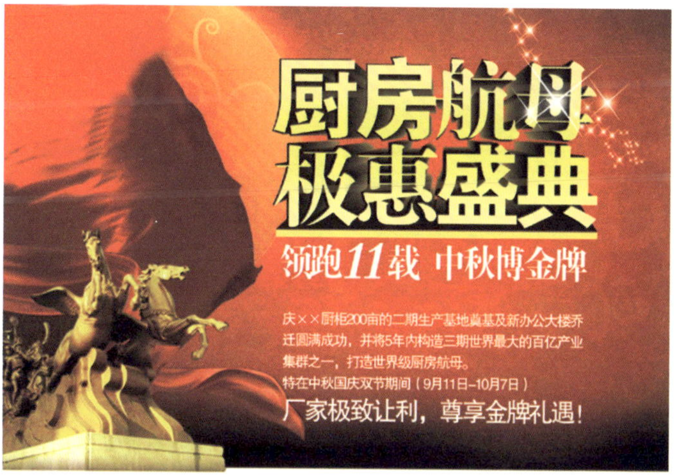

四、促销终端布置创新

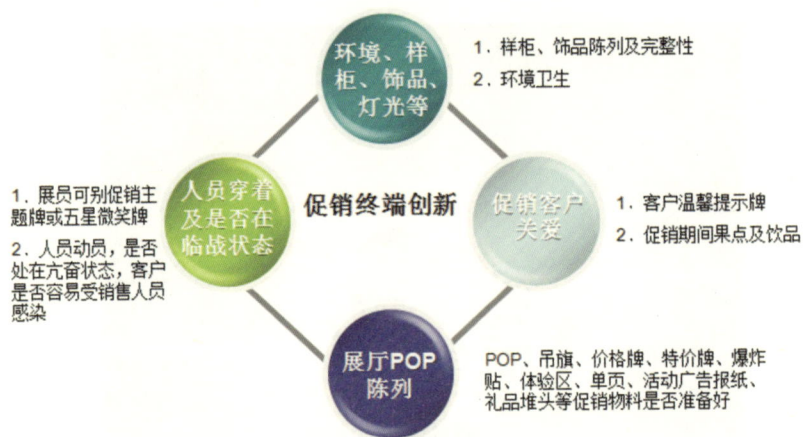

图 5-5　促销终端创新

案例 12

展厅布置

本章小结

企业在举办促销活动中要注重促销方式创新、促销内容创新和促销终端布置创新。

 拓展练习

思考题

1. 列举常用的促销形式和促销工具。
2. 促销活动的执行步骤有哪些？
3. 厨柜的促销方式有哪几种？请详细列举。
4. 分析某品牌的促销方式及流程。
5. 厨柜营销可以在哪些方面进行创新？

第六章　厨柜的服务营销

第一节　服务营销的概念及特点

📖 **学习目标**

掌握服务的内涵、特征及其分类。

【重点】

1. 服务的内涵
2. 服务的特征
3. 服务的分类
4. 不同类型的服务在营销上的差异
5. 服务营销的概念及特点

【难点】

掌握服务营销的概念及特点

🔍 **任务讲解**

营销的过程同时也是服务实现的过程，服务的质量很大程度上会影响到营销的效果。在厨柜营销中，会伴随着非常多的服务。

一、服务的内涵

在服务经济时代，产品变成一种手段，而不是最终目的。顾客所关心的是独特需求是否最终得到满足。与此相应，在许多产业里，产品与服务存在着走向融合的趋势，因此，要严格地区分纯粹的产品和纯粹的服务往往非常困难。经济学家们对服务的定义大都采取排他定义或者描述定义，从经济学的角度看，这有助于服务经济问题研究的方便，但从营销角度看，这显然不够。作为服务营销主体对象，如何定义服务必然是服务营销研究的一个基础的、核心的问题。因此，有关服务概念的界定学界持有不同的观点，纵览众多学者关于服务概念的定义，对于深刻理解和全面把握服务的内涵有很裨益。

菲利普·科特勒的观点是：服务是一方能够向另一方提供的基本上是无形的任何行为或绩效，并且不导致任何所有权的产生。它的生产可能与某种物质产品相联系，也可能毫无联系。泽丝曼尔则为服务提出了一个简单而广泛的定义：服务是行动、过程和表现。

格罗鲁斯在研究了服务的众多定义之后，基于服务特性的角度给出了以下的界定：服务是由一系列或多或少具有无形特性的活动所构成的一种过程。这种过程是在顾客与员工和有形资源的互动关系中进行的，这些有形资源是作为顾客问题的解决方案而提供给顾客的。虽然学者们对服务内涵的界定不尽相同，但他们都强调了服务的特性。

二、服务的特征

1. 不可感知性

服务营销的不可感知性是服务的重要特征，也是最早被提出的服务特征。其包括两层含义：一是服务与实体商品相比，服务的特征及组成的元素在许多情况下是无形的、抽象的，使人不能触摸或凭视觉感觉到其存在；二是从消费者消费服务后所获得的利益来看，享用服务的人很难察觉到"利益"的存在，或是要经过一段时间后才能察觉。服务的这一特征决定消费者购买服务前，不能用对待实物商品的办法如触摸、尝试、嗅、聆听等方式去判断服务的优劣，而只能用搜索信息的方法，参考多方意见和自身的历史体验来做判断。纯粹的产品是高度有形的，而纯粹的服务是高度无形的。在高度有形的产品与高度无形的服务之间，存在着一系列连续变化的中间状态。在更多情况下，有形服务可能是无形服务的载体，无形服务则可能是有形产品价值或者功能的延伸，而纯粹的产品和纯粹的服务则非常少，许多企业向顾客提供的是产品与服务"综合体"。

2. 不可分离性

不可分离性是指服务的生产过程与消费过程同时进行，服务人员为顾客提供服务之时，也正是顾客消费且享受服务之时，生产与消费服务在时间上是不可分离的。由于服务是一个过程或者一系列获得，所以在此过程中消费者与生产者必须直接发生联系，消费者不参与服务生产过程，就不能享受服务。因此，顾客只有参与到服务的生产过程中才能感受到服务。同时，服务的提供者在同一时间也只能在一个县城提供直接服务。比如医疗服务，病人接受治疗，只有主动地述说病情，医生才能作出诊断，并对症下药。

3. 品质差异性

品质差异性是指服务的构成成分与其质量水平经常变化，难以统一界定的特性。

服务的主体和对象是人，人是服务的中心。人类个性的差异使得对于服务的质量检验存在个性特色。一方面，服务提供者在个人素质上存在着差异，即使由同一服务人员提供的服务，也可能由于时间、地点、环境和心境的不同而产生差异化的结果，如全国劳动模范李素丽的售票服务不仅给人购买车票的方便，还使得乘客感到温暖、体贴和愉悦，相反，素质低下的售票员会给人带来烦恼、不安全感。另一方面，由于顾客直接参与服务的生产与消费过程，顾客本身的知识水平、道德素养、处世经验、社会阅历等基本素质，也直接影响服务的质量效果。如同为听课，有人听得津津有味，受到巨大的启发，产生丰富的联想；有人昏昏欲睡，收获甚微。同是旅游，有人乐而忘返，有人败兴而归。

4. 不可储存性

服务的不可储存性是指服务产品既不能在时间上储存下来，以备未来使用，也不能在空间上将服务转移，如果不能及时消费，便会造成服务的损失。服务的不可储存性是由其不可感知性和不可分离性决定的。如果服务的供给与需求难以匹配而又不采取相应的措施，就会使顾客的需求得不到满足或是服务供给产生浪费。如车船、影院在淡季时，出现空位造成资源浪费；而在旺季时，又因位置不足无法满足顾客的需求。

5. 缺乏所有权

缺乏所有权是指服务的生产和消费过程中不涉及任何东西的所有权的转移。服务是无形的，又不能储存，交易完成后便消失了，消费者所拥有的对服务消费的权利并未因服务交易的结束而产生像商品交换那样获得有形的东西，消费者没有实质性地拥有服务。如，铁路客运服务，只是解决乘客由此地到彼地，未导致任何东西所有权的转移；银行服务，顾客存款虽然接受银行的服务，但并未发生货币所有权的转移。

三、服务的分类

服务依据不同的划分标准，可以进行不同的分类。

1. 按服务推广顾客与参与程度不同分类

（1）高接触性服务

即在服务推广的过程中顾客参与其中或大部分的活动，如电影院、娱乐场所、公交、学校等部门提供的服务。

（2）中接触性服务

即在服务推广过程中顾客只是部分地或在局部内参与其中的活动，如银行、律师、房地产经纪人等所提供的服务。

（3）低接触性服务

即在服务推广过程中顾客与服务者接触甚少，他们的交往大部分是通过仪器来进行的，如广播、电视、邮电业等所提供的服务。

这种分类方法的优点是便于将高接触度服务从中低接触度服务中分离出来、凸显出来，以便采取多样化的服务营销策略，满足各种高接触度服务对象的需求；其缺点是过于粗略。

2. 根据服务活动的本质分类

这种分类依据两个标准——服务的特性和服务的对象，即该项服务是无形的还是有形的，服务对象是人还是物，因此可以把服务分为四类。

（1）作用于人的有形服务（民航服务、理发、外科手术）——人体处理。在传递这类服务的整个过程中，顾客需要在场以接受这样的服务所带来的预期效益。

（2）作用于物的有形服务（航空货运、草坪修理）——物体处理。在这种情况下，被处理的物体对象必须在场，而顾客本人则不需在场。顾客的参与往往局限在提出服务要求、解释问题和支付费用等方面。

（3）作用于人的无形服务（广播、教育、心理治疗、娱乐和某些宗教活动）——脑刺激处理。这种情况下，顾客的意识必须在场，顾客本人则不一定在场，只要能把信号传递到顾客的大脑即可。

（4）作用于物的无形服务（银行、证券、保险、咨询）——信息处理。此种服务，一旦开始实施，可能就不需要顾客的直接参与了。顾客再次参与的程度往往更多取决于传统惯例及顾客个人意愿，而非这种服务生产过程本身的需要。

这种分类方法为认识服务营销和制定服务营销策略奠定了基石，提供给营销人员有关识别服务利益、了解顾客行为、制定渠道策略、设计和定位服务传递系统等方面的重要思想。具体来说，通过分类可以研究企业提供该类服务的本质和主要利益，通过对顾客服务经理的了解则可以明确判断出影响顾客满意度的所有因素（如果顾客高度参与到服务过程中，那些与顾客接触的服务人员、服务措施、其他顾客的状况等都会影响顾客的需求），上述因素还会影响渠道和服务企业的设计（如果顾客必须到达服务传递的现场，这个企业的地理位置就必须满足顾客便利的要求；而如果服务过程的本质决定可以进行远距离传输，企业设计就只需优先考虑生产运营问题）等。

四、不同类型的服务在营销上的差异

（1）作用于人的有形服务属于高接触度服务，顾客必须进入服务系统，与服务提供者、服务设施以及其他顾客发生密切接触，其中每个接触环节上出错都会在一定程度影响顾客对服务质量的感知，因此营销人员要根据顾客所经历的事情来考虑服务的过程和结果，这能帮助营销人员确定正在产生什么利益。对服务过程本身的考虑也有助于企业衡量顾客总成本投入的多少。

（2）作用于物的有形服务属于中或低接触度服务，顾客本人在这类服务中参与较少，顾客参与往往局限于提出服务要求、解释问题和支付费用等方面。营销人员应当对顾客提出的每一个问题做出满意的答复，或是对有问题的服务进行实质性的改善。

（3）作用于人的无形服务的核心是要对顾客的大脑产生影响，它既可以高度接触服务，又可以通过物化为实体产品来达到目的。像娱乐、教育及宗教的服务往往采用面对面的方式来传递，这使得营销人员面临与作用于人的有形服务类服务相同的挑战，必须根据顾客的经历来设计和传递服务。与此同时，这种服务的核心内容以信息为基础，很容易转化为数据信号，把它改装成实体产品则可以传递给远距离的顾客。此时，营销人员面临的问题就转化为如何卖好实体产品了。

（4）作用于物的无形服务在本质上属于低接触度服务，顾客在此类服务中的参与程度往往更多地取决于传统以及顾客眼见为实的个人意愿，而不是服务生产过程的需要。很多顾客习惯到银行去存取款，认为那样安全可靠，容易判断出服务人员的能力。事实上通过自动存取款机、电话和网络同样可以实现此类服务。银行甚至也认为通过直接见面可以了解顾客的需求、个性，容易构建更好的人际关系。实际上信任才是良好的人际关系的前提，而企业建立与顾客的信任并不一定非要直接接触。因此，这类服务在营销上的重点是如何满足顾客实质性的需求。

五、服务营销的概念及特点

菲利普·科特勒把营销定义为：个人或群体通过创造有价值的产品或服务，并通过交换来满足欲望和需要的社会及管理过程。服务营销的实质就是促进服务的交换。因此，可以将服务营销界定为：在充分认识顾客需求的前提下，以顾客导向为理念，通过相互交换和承诺以及与顾客建立互动关系来满足顾客对服务过程消费的需求。这里所指的承诺，是指合作关系中的一方在某种程度上存在着与另外一方进行合作的积极性。

服务与有形物的差异，使得服务营销与有形产品营销存在较大差异，其特点如下所述。

1. 供求分散性

服务营销活动中，服务产品的供求具有分散性。不仅供方覆盖了第三产业的各个部门和行业，企业提供的服务也广泛分散；而且需方更是涉及各种各样的企业、社会团体和千家万户不同类型的消费者。从供方来看，许多服务行业属于劳动密集型行业，占地小、资金少、经营灵活、分散广；从需求方来看，不仅营利性和非营利性组织是服务的需求者，广大的分散的个人消费者更是重要的顾客群。服务供求的分散性，要求服务网点要广泛而分散，尽可能地接近消费者。

2. 分销渠道比较单一

有形产品的营销方式有经销、代理和直销等多种营销方式。有形产品在市场上可以多次转手，经批发、零售多个环节才使产品到达消费者手中。服务营销则由生产与消费的统一性，决定其只能采取直销方式，中间商的介入是不可能的，储存待售也是不可能的。服务营销方式的单一性、直接性，在一定程度上限制了服务市场规模的扩大，也限制了服务业在许多市场上能够出售自己的服务产品，给服务产品的推销造成了困难。

3. 需求多元化、弹性化

服务产品的购买者也是不同的主体，他们的购买目的和动机也各有差异，是多元的、广泛的、复杂的。购买服务的消费者的购买动机和目的各异，某一服务产品的购买者可以牵涉社会上各行各业各种不同类型的家庭和不同身份的个人，即使购买同一服务产品，有的用于生活消费，有的却用于生产消费，如信息咨询、邮电通信等。服务产品营销对象的多变性，表现为不同的购买者对服务产品需求的种类、内容、方式经常变化。影响人们对服务产品需求变化的因素很多，如产业结构的升级、消费结构的变化、科学技术水平的提高等都会导致服务需求变化。像文化艺术服务、休闲娱乐服务、旅游服务、保健服务、环保服务、科教服务等服务产品的市场吸引力将会越来越大。

4. 服务消费者需求弹性大

根据马斯洛需求层次原理，人们的基本物质需求是一种原发性需求，这类需求人们易产生共性，而人们对精神文化消费的需求属继发性需求，需求者会因各自所处的社会环境和各自具备的条件不同而形成较大的需求弹性。同时对服务的需求和对有形产品的需求在一定组织及总金额支出中相互牵制，也是形成需求弹性大的原因之一。同时服务需求受外界条件影响大，如季节的变化、气候的变化、科技发展的日新月异等对信息服务、环保服务、旅游服务、航运服务的需求造成重大影响。需求弹性是服务业经营者最棘手的问题。

5.服务质量控制难度大

服务产品的无形性以及差异性的特点，使得服务质量一方面受到服务提供者技术、技能、技艺的直接影响，另一方面也受到顾客的主观感知的影响。消费者对各种服务产品的质量要求也就是对服务人员的技术、技能、技艺的要求。文艺家的精湛技艺才能满足文艺欣赏者对艺术质量的要求，教师广博的知识才能满足学生对教学质量的要求，医生高超的技术和医德适应患者的质量要求。服务者的服务质量不可能是唯一的、统一的衡量标准，而只能有相对的标准和凭购买者的感觉体会。无论是服务提供者的技术、技能、技艺，还是顾客的主观感知，都会因人因时因地而异，从而导致服务质量控制的难度加大，很难找到唯一、统一的衡量标准。

第二节　服务营销组合

学习目标

根据服务营销的要素掌握服务营销组合。
【重点】
1.服务营销组合的内涵及要素
2.服务营销系统

【难点】
掌握服务营销系统的内涵及流程

任务讲解

服务营销是服务与营销的一种综合运用，服务和营销相互协调、相互配合，便于制定出最适合企业的营销战略。

一、服务营销组合的内涵及要素

所谓服务营销组合，是指服务企业对可控制的各种市场营销手段的综合运用。具体地说，就是服务企业运用系统的方法，根据企业外部环境，把服务市场营销的各种因素进行最佳的组合，使它们互相协调配合，综合地发挥作用，实现服务企业的战略目标。服务企业开展营销活动，要运用企业的营销因素，以制定相应的营销战略和策略。传统的以生产性企业为中心的市场营销组合包括了产品（product）、价格（price）、分销渠道（place）、促销（promotion）四个因素，即4P。进入20世纪60年代，市场营销学与企业管理理论密切结合，市场营销学作为企业经营管理的指导而得到广泛应用。70年代以来，由于能源危机和环境污染加剧，消费者权益保护运动高涨，贸易保护主义抬头，企业片面追求满足消费需求而忽视扬长避短，导致竞争能力的削弱等因素，促使人们不断加深对市场营销策略的研究，使市场营销步入新的发展时期，出现了大市场营销、绿色营销等新理念，之后人们在市场营销组合中加上了公共关系与政治权利。在市场营销理论方面，出现了以企业为中心的 4P 向以消费者为中心的 4C（客户 customer，成本 cost，便利性 convenience，与客户的沟通 communication）营销策略的转变。近来，美国学者艾登保伯格提出了以竞争为导向，体现关系营销思想的 4R（关联 relevancy，节省 retrenchment，关系 relation，回报 reward）营销新理论，阐述了一个全新的营销四要素。

进入 21 世纪，随着信息技术的发展，网络营销的出现使企业传统的营销模式发生了根本转变，追求价值和效率的最大化，实现零距离互动式的直接沟通等新的营销观念产生并发展起来。这种以生产性企业有形产品销售建立起来的营销组合，对服务营销有一定的借鉴意义，但以无形产品营销为主的服务有其特殊性，必须重新调整市场营销组合以适应服务营销。服务营销包括七个要素：产品（product）、价格（price）、地点或渠道（place）、促销（promotion）、人（people）、有形展示（physicalevidence）、过程（process）。

（一）产品

产品要素强调的是：企业要设计和生产符合顾客需求的实体商品和服务。在服务产品策略中，企业还必须特别考虑提供服务的范围、服务的质量和服务的水准，同时还应注意品牌、保证以及售后服务等。

（二）价格

价格要素强调企业应该为能够满足顾客需求的产品与服务制定具有竞争力的价格。在服务营销中，价格不仅是与顾客支付能力相关的重要因素，而且也是顾客判定服务质量的重要依据，他们根据自己对认知价值的理解来评判服务的价值。因此，服务价格策略应该更注重定价的灵活性、价格与服务定位的匹配性以及服务产品的区别定价等因素。

（三）地点或渠道

渠道要素指的是企业为了将产品交付到目标市场上而建立有效的分销渠道。服务场所的店面位置、仓储及运输的可达性及其覆盖的地理范围等因素，在服务营销的渠道策略中显得至关重要。而且，时至今日，对于许多服务产品而言，特别是对新兴的网络通信服务来说，互联网都成为重要的渠道之一。

（四）促销

促销强调企业为促进产品销售而从事特定的信息传播活动。在服务营销中，促销更注重向不同顾客传递不同的信息。为了提升顾客的忠诚度，企业往往要为他们提供个性化的服务和信息。因此，企业应该面向存在不同需求的顾客传递不同的服务信息、采取不同的促销策略。促销包括人员促销和非人员促销，又包括广告、销售促进、宣传、公关等营销沟通方式。

（五）人

确切地说，人员要素应该是参与者，是指参与到服务过程中来并对服务结果产生影响的所有人员，可能包括企业的员工、顾客和处于服务环境中的其他人员。实际上，对于某些服务，如顾问、咨询服务和教练以及其他基于关系的专业服务，提供者本身就是一种服务。同时，员工也担当着企业兼职营销人员的责任，他们代表着企业的形象。因此，企业必须对员工进行培训、指导和激励，并通过竞争来保证员工能够按照企业的承诺向顾客提供服务和有效地处理各种突发事件。同时，由于服务的过程性（不可分离性），顾客自身也会参与到服务过程中来，他们也会影响服务过程的感知。例如，在美容服务中，顾客自身需求对服务提供者制定的美容护理方案的影响非常大，而且其合作与否的态度也会对服务质量的结果产生巨大影响。

此外，处于服务环境中的其他人员也影响着服务生产与服务消费过程。例如，持有某银行贵宾卡而能够享受到特殊服务的人，往往会因为其他人的羡慕而提高对服务质量的感受和对服务价值的认同。

（六）有形展示

服务的有形展示包括服务环境（如装潢、音乐和员工服饰等）、服务过程中的实物设施（如游乐场的各种游玩设备）以及其他有助于服务的生产、消费和沟通的有形要素。需要强调的是：有形展示的存在，一定要使服务变得更加便利或者能够提高服务质量和服务生产率。例如，服务地点（场所）应该有便利的交通、方便的停车场、醒目的店面标志以及令人感到舒适的外部环境等；内部设施对于连锁服务机构来说，应该拥有一致的装潢（如色调、外观和照明等），而且盥洗室和柜台等都应该考虑到顾客的需要、偏好和便利性。

（七）过程

过程因素指的是服务交付的流程和运营系统。服务过程是顾客对服务质量产生感知的关键所在，构成了顾客对服务质量的评价过程。其中，过程要素主要包括服务任务流程、服务时间进度、标准化和定制化等因素。在向顾客提供之前，服务一般都是一样的。不同的人在不同时间、不同地点的参与，才使服务过程呈现出不同的结果。因此，服务设计要考虑到服务的生产与交付过程性以及顾客的真正需求。具有不同市场定位的企业，往往在服务过程的设计上呈现出较大的差异，因此无法简单地判断孰优孰劣。例如，有的企业以提供高度标准化的服务过程为主，如麦当劳、必胜客；有的企业以提供个性化服务过程为主，如美容院、服装店。事实证明，它们在市场上都有可能获得成功。

二、服务营销系统

在服务营销活动中，企业不仅要考虑服务营销的组合和整合，还要把服务营销作为一个系统来进行管理。服务管理系统，主要包括服务运营系统、服务交付系统、服务营销系统等子系统。在服务管理系统中，先期的活动是数据录入，对数据进行处理，以形成服务产品的各个要素，这称之为服务运营；其次进行服务交付，对所有要素进行最后的组合，并将产品交付给顾客。在这个过程中，有些是顾客看不见的部分，如技术核心；有些是顾客看得见的，如有形支持和服务接触人员的加工过程与结果。这样，顾客看得见的部分就具有了明显的市场营销功能，顾客之间形成了直接的和间接的相互影响，这种影响成为服务营销系统的一个重要组成部分。

服务营销系统是指顾客同服务组织发生接触或了解该组织情况的所有可能途径，包括广告和销售部门的沟通工作，来自服务人员的电话、信件、账单、新闻以及顾客的口碑等。

实践证明，高度接触服务与低度接触服务是有一定差异的。

虽然，服务管理系统可以分为不同的子系统，但各子系统之间并不是相互分离的。如要确保在顾客满意的前提下投入较低的成本，不但需要服务运营系统的参与，更要依赖于市场营销人员的工作。因此，实践中也必须把市场营销人员纳入到服务交付系统之中进行综合考虑。

第三节　服务有形展示

学习目标

掌握有形展示的分类及展示形式，了解服务环境设计的要素。

【重点】

1. 有形展示的概念
2. 有形展示的类型
3. 有形展示的作用
4. 有形展示的设计

【难点】

运用所学的有形展示类型设计服务环境

任务讲解

服务是无形的，但服务设施、服务设备、服务人员、顾客、市场沟通资料、价目表等却是有形的。所有的这些有形物都是看不见的服务的线索。顾客必须在无法真正见到服务的条件下来理解它，而且要在做出购买决定前，知道自己应该买什么，为什么买，所以他们一般会对有关服务的线索传递一些信息。服务营销人员通过对服务工具、设备、员工、信息资料、其他顾客、价目表等所有这些服务线索的管理，增强顾客对服务的理解和认识，为顾客做出决定提供有形线索。因此，了解服务有形展示的类型和作用，加强服务有形展示的设计，创造良好的服务环境具有重要的战略意义。

一、有形展示的概念

1973 年，菲利普·科特勒提出将"营销氛围"归入营销策略组合中，作为一种营销工具，建议"设计一种环境空间，以对顾客施加影响"。1977 年，萧斯塔克引入"任务展示管理"这一术语，提出服务企业有必要对服务有形物以及能够传递有关服务的适当信号的线索进行管理。所谓"有形展示"是指在服务市场营销管理的范畴内，一切可传达服务特色及优点的有形组成部分。

在物质产品的营销中，有形展示基本上就是产品本身。而在服务营销中，有形展示的范围较广，不仅包括环境，还包括所有用以生产服务和包装服务的一切实体产品和设施以及人员，如服务设施、服务人员、市场信息资料、顾客等。这些有形展示，如善于管理和利用，可帮助顾客感知服务产品的特点以及提高享用服务时所获得的利益，有助于建立服务产品和服务企业的形象，支持企业有关营销策略的推行；如管理和运用不当，就可能给顾客传达错误的信息，影响顾客对产品的期望和判断，进而破坏服务产品及企业的形象。

二、有形展示的类型

对有形展示可以从不同角度进行分类，不同类型的有形展示对顾客的心理以及顾客判断服务产品质量的过程有不同程度的影响。

（一）按有形展示的构成要素分类

根据有形展示的构成要素，可将有形展示分成物质环境、信息沟通和价格三大类。

（二）物质环境展示

物质环境分三种类型：周围因素、设计因素和社会因素。

1. 周围因素

周围因素是指消费者不大会立即意识到的环境因素，如气温、湿度、通风情况、声音、整洁度等因素。

2. 设计因素

刺激消费者视觉的环境因素称为设计因素。这类要素被用于改善服务产品的包装，使产品的功能更为明显和突出，以建立有形的、赏心悦目的产品形象，如服务场所设计、企业标识设计等。与环境因素相比，设计因素对消费者感觉的影响比较明显，是主动刺激因素。设计性因素又可分为两类：美学因素（如建筑风格、色彩）和功能因素（如陈设、舒适），设计性因素既包括应用于外向服务的设备，又包括应用于内向服务的设备。

3. 社会因素

社会因素是指服务环境中的一切参与服务和决策的人，包括服务人员和顾客。服务环境中服务人员的数量、形象和行为都会影响消费者的购买决策。

服务人员代表着服务企业的形象，服务人员的仪表仪态是服务企业极为重要的实体环境。若服务人员衣冠不整、不修边幅，消费者往往会联想到该企业的服务工作同样杂乱；

若服务人员衣着整洁、训练有素，消费者才会相信他们能够提供优质的服务。既然服务产品在很大程度上取决于人，那么人就应当被适当包装。

（三）信息沟通展示

信息沟通展示来自于企业本身以及其他引人注意的地方，比如赞扬性的评论、商业广告、顾客的口头传播、企业标识等。这些不同形式的信息沟通都传达了有关服务的线索，使服务和信息更具有形性。有效的信息沟通有助于强化企业的市场营销战略。

1. 服务有形化

让服务显得更具体的办法之一就是在信息交流过程中强调与服务相联系的有形物，这样就可以把与服务相联系的有形物推到信息沟通策略的前沿。

2. 信息有形化

信息有形化非常有效的手段是广告和对企业有利的口头传播。服务企业通过广告不仅可以提供服务产品的形象展示，还可以提供服务的量化概念。一则优秀的广告既可以让顾客感受到他所能获得的服务利益，而且还可以展示给顾客该企业的品牌形象和独特定位。

（四）价格展示

在服务行业中，正确的定价特别重要，因为服务是无形的，作为可见性的价格因素对于顾客做出购买决定起着重要作用。消费者往往会根据服务的价格判断服务档次和服务质量。可见，价格是对服务水平和质量的一种可见性展示。

作为可见性展示的价格因素，其背后包含着广泛而深刻的信息。如果价格过低，消费者便会怀疑服务企业的专业知识和技能，从而降低其感觉中的服务价值。如果价格过高，消费者会怀疑服务的价值，认为企业"宰客"。可见，制定过高或过低的价格，都会损害服务企业的市场形象。

有形展示的这三种类型不是完全排他的。如价格是一种不同于物质设备和说服性信息交流的展示方式，然而，必须通过多种媒介将价格信息从服务环境传进、传出。如图 6-1 所示。

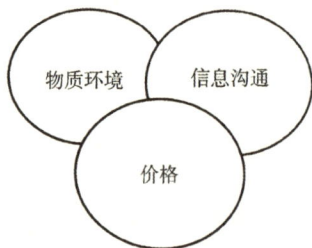

图 6-1 展示的类型

（五）按有形展示能否被消费者拥有进行分类

根据有形展示能否被消费者拥有，可将有形展示分为边缘展示和核心展示。

1. 边缘展示

边缘展示是指消费者在购买过程中能够实际拥有的展示，如电影院的入场券。这类展示很少或根本没有什么价值，它只是一种使观众接受服务的凭证。还有一些展示可以让顾客更好地了解企业的服务，或满足顾客多方面的需求，构成对核心服务强有力的补充。如在宾馆的客房里通常有很多包括旅游指南、住宿须知、服务指南以及笔、纸之类的边缘展示，这些代表服务的有形物品的设计，都是出于对消费者需求的考虑，也是企业核心服务的有利补充。

2. 核心展示

核心展示是在购买和享用服务的过程中不能为消费者所拥有，但对消费者购买起重要作用的展示。例如，宾馆的级别、银行的形象、出租汽车的牌子等，都是消费者在购买这些服务时首先要考虑的核心展示。

三、有形展示的作用

（一）通过感官刺激，使消费者感受到服务带来的利益

消费者在购买有形产品时，产品的外观会直接影响其购买决定。同样，消费者在购买无形的服务时，也希望得到感官上的刺激和愉悦。有形展示的一个潜在作用是给服务企业的市场营销策略带来乐趣优势，在消费者的消费经历中注入新颖、令人激动、娱乐性的元素，可以改善消费者的厌倦情绪，更能提升由此带给消费者的服务价值。例如，美国明尼苏达州明尼波尼亚购物中心是一个集主题乐园为一体的美国最大购物中心，它用穿过大楼底部的水族馆，以及近三万平方米的娱乐场来吸引消费者，这个购物中心一年可吸引四千多万名消费者光顾，聚集的人潮比美国两处迪士尼乐园和大峡谷的总和还要多。

（二）引导消费者对服务产品产生合理的期望

消费者对服务的满意度，取决于服务产品所带来的利益与消费者期望之间的状况。然而，由于服务的无形性、不可感知性，使得消费者在使用有关服务之前，很难对该服务做出正确的理解或描述，对该服务的期望也会比较模糊，甚至期望过高。而不合乎实际的期望又往往使他们错误地评价服务，从而做出不利评价，这又进一步恶化了对服务的不满意程度。

而运用服务有形展示则可让消费者在使用服务之前能够具体地把握服务的特征和功能，较容易地对服务产生合理的期望，从而避免因期望过高而难以满足，造成负面影响。我们经常看到豪华酒店的广告中出现这样的画面：设施齐全、高档舒适的客房，宽敞整洁、风格鲜明的餐厅，做工精致、令人垂涎欲滴的美味佳肴，种类繁多、时尚高雅的娱乐健身器材和场所，美丽高雅、训练有素的服务人员，这一切潜在消费者对酒店产生合乎实际的期望，从而更客观地评价酒店的服务。

（三）使消费者形成初步印象

有形展示的好坏将直接影响到消费者对企业服务的初步印象。显然经验丰富的消费者受有形展示的影响较少，但经验不足的消费者却往往会根据各种有形展示对企业产生初步印象，并判断企业的服务质量。比如，消费者报团旅游，如果能看到旅行社备有整洁高档的专车，接待人员服务态度良好，提供的书面资料完备，导游训练有素，此时消费者就会对该旅行社产生较好的初步印象，也会推测出即将开始的旅游会是舒服、愉快的，从而增

强对旅游公司服务质量的信心；反之，则会对旅游公司失去信心，不参团旅游。

（四）使消费者产生信任

消费者很难在做出购买决策之前全面了解服务质量t要促使消费者购买，服务企业必须首先使消费者产生信任感。为消费者提供各种有形展示。使消费者更多地了解企业的服务情况，可增强消费者的信任感。现在，不少服务企业将一部分后台操作工作改变为前台服务工作，提高服务工作的透明度，使无形的服务有形化，从而提高了消费者对服务的认知清晰度。如，现在许多酒店、餐馆都有明厨料理，消费者可以从玻璃外看到厨师的工作过程，这在很大程度上打消了消费者对卫生状况的担忧，使消费者产生信任感。

（五）塑造本企业的市场形象

虽然服务企业可以通过多种手段来塑造自己的形象，有形展示却是服务企业中最能有形地、具体地传达企业形象的工具。在市场沟通活动中，巧妙使用各种有形展示，可增强服务企业优质服务的市场形象。要改变服务企业的市场形象，更需要提供各种有形展示，使消费者相信企业的各种变化。如，国内的消费者很容易通过颜色、标志来鉴别出工商银行和中国银行及交通银行。看到蓝色中国结的标志，人们也会马上联想到中国联通。此外，有形展示还有助于改变服务企业的形象。如，南园宾馆原来是苏州的一家国家宾馆，长期较为封闭，给社会一种神秘感。近年来，该宾馆根据市场的需要，推出了"中国旅游文化系列活动"，向外国旅游者展示我国传统的茶文化、饮食文化、服饰文化和说唱艺术。

同时，该宾馆还利用其古园旧址、名人遗迹，馆容秀丽、优雅等有形展示，塑造融"古、雅、娱"为一体的"文化型"宾馆的市场形象。这些具体、生动、形象的有形展示，有效地改变了该宾馆原先的市场形象，使该宾馆形成了崭新的、具有个性特点和地方色彩的市场形象。

（六）促使员工提供优质服务

对消费者来说，服务是无形的；对员工来说，服务也是无形的。做好有形展示管理工作，不仅可为顾客创造良好的消费环境，也可为员工创造良好的工作环境，使员工感到管理层对他们的关心，进而激励他们为顾客提供优质服务。

四、有形展示的设计

有形展示在服务营销中占有重要的地位，服务企业应充分利用组成服务的有形元素，突出服务的特点，使无形的服务变得有形化和具体化，让顾客在购买服务前，大致判断服务的特征及享受服务后所获得的利益。因此，加强有形展示的设计，对服务企业开展市场营销活动至关重要。

（一）服务环境的设计

1.服务环境的概念及特点
所谓服务环境是指企业向消费者提供服务的场所，不仅包括影响服务过程的各种设施，而且还包括许多无形的要素。因此，凡是会影响服务表现水准和沟通的任何设施都包括在内。服务环境设计是有形展示策略实施的重点。对大多数服务企业来说，服务环境的设计和创造并不是件简单的工作，特别是高接触度的服务。从服务环境设计的角度看，环境具有如下特点：

（1）环境是环绕、包括与容纳，一个人不能成为环境的主体，只是环境的一个参与者。

（2）环境往往是多重模式的，环境对于各种感觉形成的影响并不是只有一种方式。

（3）边缘信息和核心信息总是同时展现，都同样是环境的一部分，即使没有被集中注意的部分，人们也还是能够觉察出来。

（4）环境的延伸所透露出来的信息总是比实际过程更多，其中若干信息可能相互冲突。

（5）各种环境均含有目的和行动以及种种不同角色。

（6）各种环境包含许多含义和许多动机性信息。

（7）各种环境均隐含有种种美学的、社会性的和系统性的持征。

因此，服务环境设计的任务，关系着各个局部和整体所表达出的整体印象，影响着消费者对服务的满意度。

2. 服务环境设计的基本原则

设计理想的服务环境并非易事，要在综合考虑以上问题的基础上来决定操作的过程。除了需要花费大量的资金外，一些不可控制的因素也会影响服务环境设计。一方面，我们现有的关于环境因素及其影响的知识和理解程度还不够；另一方面，由于个体差异的存在，人们对同一环境条件的认识和反应也各不相同。因此在设计服务环境时，众口难调，很难做到皆大欢喜。如果企业根据他们的需求共性来设计服务环境，将拥有更多的消费者。

以下的基本原则很重要：

（1）设计理念保持统一，具体形象与设计理念保持一致。这就要求服务环境各设施要素之间相互协作，共同营造一种形式统一且重点突出的美好形象。

（2）服务产品的核心利益应决定其设计参数，外部设计要体现服务的内在性质。

（3）设计要适当。

（4）设计要考虑美学与服务流程问题。

3. 服务环境设计的关键要素

服务企业所要塑造的服务环境形象，受很多因素的影响。营销组合的所有构成要素，如价格、服务本身、广告、促销活动和公开活动，既影响顾客与当事人的观感，也成为服务的实物要素。影响服务环境形成的关键性因素主要有两点：

（1）实物属性

服务企业的建筑构造设计，有若干层面对其形象塑造产生影响。其中任何一项的有无，都会影响到其他各项的个别属性的表现。换言之，这些属性可能对形象的设计、创造与维持有帮助。

服务企业的外在有形表现会影响其服务形象。一栋建筑物的具体结构，包括其规模、造型、建筑材料、所在地点位置以及与邻近建筑物的比较，都是塑造顾客观感的因素。至于其他相关因素，如停车的便利性、可及性，橱窗门面、门窗设计，招牌标志等也很重要。

因为外在的观瞻往往能附联牢靠、永固、保守、进步或其他各种印象。而服务企业内部的陈设布局、装饰、装修、照明、色调、空气调节、标记、视觉呈现等，合并在一起往往就会创造出"印象"和"形象"。从更精细的层面而言，内部属性还包括记事纸、文具、说明小册子、展示空间和货架等项目。

能将所有这些构成要素合并成为一家服务企业"有特色的整体个性"，需要具备相当的设计性、技术性和创造性。有形展示可以使一家公司或机构显示其"个性"，而"个性"在高度竞争和无差距化的服务产品市场中是一个关键特色。

（2）气氛

服务设施的气氛也会影响其形象。"氛围"原本就是指一种借以影响买主的"有意的空间设计"。此外，气氛对于员工以及前来公司接洽的其他人员也都有重要的影响。所谓的"工作条件"，是指它会影响到员工对待顾客的态度。就零售店来说，每家商店都有各自的实物布局、陈设方式，有些显得局促，有些显得宽敞。每家店都有其"感觉"，有的很有魅力，有的豪华壮丽，有的朴素无华。商店必须注意保持自己的特有气氛，适合于目标市场，并能诱导购买。影响"气氛"的因素包括以下几个方面。

①视觉

零售商店使用"视觉商品化"一词来说明视觉因素会影响顾客对商店的观感。

视觉商品化与形象的建立和推销有关，顾客进门之后，可以达到前述两项目的。零售业的视觉商品化，旨在确保无论顾客在搭电梯，还是在等待付账时，服务的推销和形象的建立仍持续在进行。照明、陈设布局、颜色，显然都是"视觉商品化"的一部分，此外，服务人员的外观和着装也是。总之，视觉呈现是顾客购买服务产品的一个重大原因。

②气味

气味会影响形象。零售商店，如咖啡店、面包店、花店和香水店，都可使用芳香和香味来推销其产品。面包店可巧妙地使用风扇将刚出炉的面包香味吹散到街道上，一些事业服务业的办公室，皮件的气味和皮件亮光蜡或木制地板打蜡后的气味，往往可以发散一种特殊的豪华气派。

③声音

声音往往是气氛营造的背景。电影制造厂商很早就觉察到其重要性，在默片时代，配乐就已被视为一项不可少的气氛上的成分。青少年流行服装店的背景音乐，所营造出的气氛当然与大型百货店升降梯中听到的莫扎特音乐气氛大相径庭，也和航空公司在起飞之前播放给乘客们听的令人舒畅的旋律的气氛全然迥异。若想营造一种"安静"气氛，可以使用低天花板、厚地毯以及销售人员轻声细语的方式。这种气氛在图书馆、书廊往往是必要的。最近对于零售店播放音乐的一项研究指出，店里的人潮往来流量，会因播放什么样的音乐而有所改变。播放缓慢的音乐时，营业额度往往会比较高。

④触觉

厚重质料铺盖的座位的厚实感、地毯的厚度、壁纸的感度、咖啡店桌子的木材感和大理石地板的冰凉感，都会带来不同的感觉，并发散出独特的气氛。某些零售店是以样品展示的方式激发顾客们的感度，但有些商店，如精切玻璃、精制陶瓷店、古董店、书廊或博物馆，就禁止利用触感。但不论任何情况，产品使用的材料和陈设展示的技巧都是重要的因素。

（二）人员展示的设计

人员展示是指通过员工形象与举止的适当表现，来提供给顾客评价服务感受的有形线索。属于企业内部的有形展示要素，也属于物质环境展示中的社会因素。人员展示的重要程度在不同的服务业中是不同的，它与该服务企业员工与顾客的接触形式有关。服务企业接触顾客的方式有三种：一是人力接触，服务人员直接与顾客接触称人际方式；二是技术方式，通过技术方式与顾客接触称技术方式；三是混合方式，人力方式和技术方式共同使用。人际方式是人员展示的重点，成功的人员展示可以强化服务的有形线索，让顾客切身感知服务；技术方式能提供标准化的质量而且成本低，可以减少失败的人员带来的风险；混合方式即高技术与高接触，它一方面通过高技术来提高效率，另一方面通过人员的职业水平来改善服务感受。

服务人员的专业技术技能、外表、语言、行为、精神风貌都是人员展示中的重要内容。服务企业在进行人员展示时需要遵循如下原则：

（1）以"爱"为核心。"爱"是优质服务的基础，服务人员首先要对顾客有爱心。

（2）关注服务人员的视觉形象。

（3）关注与人相关的产品展示。

（4）保证人员展示的生动活泼。

（三）品牌载体展示的设计

在有形展示中，品牌既和设计因素有关，又和信息沟通有关。品牌自身是无形的，它必须通过直接或间接的物质载体来表现，从而让顾客感知到它的存在，给服务企业带来有形价值。品牌的直接载体是图形、品牌标记等，间接载体是与品牌相关的价格、质量等销售信息。品牌提供这些载体，将服务产品的性能、价值或服务企业的经营理念转化成可以令顾客感知的感官体验。服务企业通过品牌载体进行展示时，管理者需要完成的主要任务是：

（1）确定品牌个性或品牌特性的各个方面，这需要企业通过 SWOT 分析后，明确企业的宗旨、个性和核心能力，并明确品牌的品质以及这些品质在顾客心目中的地位；

（2）对品牌进行简洁的美学定位陈述；

（3）选择品牌载体，对品牌个性及美学定位进行有效表现。

第四节　服务质量

学习目标

通过本节的学习能实际提高服务质量，缩小服务质量差距。

【重点】

1. 服务质量的含义

2. 服务质量差距管理

【难点】
掌握服务质量的关键点并缩小服务质量差距

任务讲解

服务质量根据实际情况会有好有坏，每个企业都是要把服务质量做到最好，怎么做到最好是每个企业都要考虑的问题。在服务质量出现问题时应该加以处理，缩小服务质量上的差距。

一、服务质量的含义

服务质量是产品生产的服务或服务业满足规定或潜在要求（或需要）的特征和特性的总和。特性是用以区分不同类别的产品或服务的概念，如旅游有陶冶人的性情、使人愉悦的特性，旅馆有给人提供休息场所的特性。特征则是用以区分同类服务中不同规格、档次、品位的概念。如交通服务有航空、水运、公路、铁路之分。服务质量最表层的内涵应包括服务的安全性、适用性、有效性和经济性等一般要求。

（一）管理者认识的差距（差距1）

这个差距指管理者对期望质量的感觉不明确。产生的原因有：
（1）对市场研究和需求分析的信息不准确；
（2）对期望的解释信息不准确；
（3）没有需求分析；
（4）从企业与顾客联系的层次向管理者传递的信息失真或丧失；
（5）臃肿的组织层次阻碍或改变了在顾客联系中所产生的信息。
治疗措施各不相同。如果问题是由管理引起，显然不是改变管理，就是改变对服务竞争特点的认识，不过后者一般更合适一些。因为正常情况下没有竞争也就不会产生什么问题，但管理者一旦缺乏对服务竞争本质和需求的理解，则会导致严重的后果。

（二）质量标准差距（差距2）

这一差距指服务质量标准与管理者对质量期望的认识不一致，原因如下：
（1）计划失误或计划过程不够充分；
（2）计划管理混乱；
（3）组织无明确目标；
（4）服务质量的计划得不到最高管理层的支持。
第一个差距的大小决定计划的成功与否。但是，即使在顾客期望的信息充分和正确的情况下，质量标准的实施计划也会失败。出现这种情况的原因是，最高管理层没有保证服务质量的实现。质量没有被赋予最高优先权。解决的措施自然是改变优先权的排列。今天，在服务竞争中，顾客感知的服务质量是成功的关键因素，因此在管理清单上把质量排在前列是非常必要的。

总之，服务生产者和管理者对服务质量达成共识，缩小质量标准差距，远要比任何严格的目标和计划过程重要得多。

（三）服务交易差距（差距3）

这一差距指在服务生产和交易过程中员工的行为不符合质量标准，产生的原因是：
（1）标准太复杂或太苛刻；
（2）员工对标准有不同意见，例如一流服务质量可以有不同的行为；
（3）标准与现有的企业文化发生冲突；
（4）服务生产管理混乱；
（5）内部营销不充分或根本不开展内部营销；
（6）技术和系统没有按照标准为工作提供便利。

可能出现的问题是多种多样的，通常引起服务交易差距的原因是错综复杂的，只有一个原因在单独起作用是很少的，因此解决措施不是那么简单。引起差距的原因粗略分为三类：管理和监督不到位；职员对标准规则的认识和对顾客需要的认识不统一；缺少生产系统和技术的支持。

（四）营销沟通的差距（差距4）

这一差距指营销沟通行为所做出的承诺与实际提供的服务不一致，产生的原因是：
（1）营销沟通计划与服务生产没统一；
（2）传统的市场营销和服务生产之间缺乏协作；
（3）营销沟通活动提出一些标准，但组织却不能按照这些标准完成工作；
（4）有故意夸大其词、承诺太多的倾向。

引起这一差距的原因可分为两类：一是外部营销沟通的计划与执行没有和服务生产统一起来；二是在广告等营销沟通过程中往往存在承诺过多的倾向。在第一种情况下，解决措施是建立一种使外部营销沟通活动的计划和执行与服务生产统一起来的制度。例如，至少每个重大活动应该与服务生产行为协调起来，达到两个目标：第一，市场沟通中的承诺要更加准确和符合实际；第二，外部营销活动中做出的承诺能够做到言出必行，避免夸夸其谈所产生的副作用。在第二种情况下，由于营销沟通存在滥用"最高级的毛病"，所以只能通过完善营销沟通的计划加以解决。解决措施可能是更加完善的计划程序，不过管理上严密监督也很有帮助。

（五）感知服务质量差距（差距5）

这一差距指感知或经历的服务与期望的服务不一样，它会导致以下后果：
（1）顾客对企业的服务做出消极的质量评价（劣质），企业服务出现质量问题；
（2）企业口碑不佳；
（3）对企业形象的消极影响；
（4）企业丧失业务。
第五个差距也有可能产生积极的结果，它可能导致相符的质量或过高的质量。感知服务差距产生的原因可能是本部分讨论的众多原因中的一个或者是它们的组合。当然，也有可能是其他未被提到的因素。

差距分析模型指导管理者发现引发质量问题的根源，并寻找适当的消除差距的措施。差距分析是一种直接有效的工具，它可以发现提供者与顾客对服务观念存在的差异。明确这些差距是制定战略、战术以及保证期望贡量句夏实贡量一致的理论基础。这会使顾客给予质量积极评价，提高顾客满意程度。

二、服务质量差距管理

差距分析模型清楚地指出了服务质量管理中可能出现的缺陷，从而为企业改善服务质量提出了有针对性的对策和措施。当然，对于不同的服务种类来说，服务质量差距的解决办法是不同的。

（一）消除管理者认识的差距——努力了解顾客对服务的期望（差距1）

关键问题是管理者总是认为自己非常清楚消费者的期望所形成的基础，然而事实上可能并非如此。要解决这个问题，企业可以让管理层多接触重点人群，通过研究、投诉分析、顾客的小组讨论等途径更好地了解顾客对服务的期望。如果问题产生的原因是管理不善，就必须提高管理水平，让管理者更深刻地理解服务和服务竞争的特性，加强企业内部信息的管理质量，让服务人员和管理层的上行沟通更加顺畅，依据得到的信息和观点，尽快采取措施。

（二）消除质量标准差距——建立正确的服务质量标准（差距2）

产生这个差距的原因和管理者很难将顾客的期望变成实实在在的服务质量的实施计划有关，也和产生服务工作本身的计划过程有关。为此，企业可以采取的具体措施有：
（1）管理层要努力从顾客的观点去定义服务质量；
（2）管理者要为各个岗位设计出以顾客为导向的服务质量标准；
（3）对管理人员进行培训，以加强其领导服务人员传递服务的技能；
（4）将重复性较大的服务进行标准化、程序化；
（5）进行绩效评估并定期反馈。

（三）消除服务交易差距——使服务的具体实施达到规范的标准（差距3）

导致该差距的原因有多方面，但总结起来，我们可以将其分为三类：管理和监督相关的问题；服务人员对标准的认识问题；生产系统和技术的问题。针对此情况，企业可以采取如下管理措施：
（1）使服务人员明确自己的角色定位；
（2）选用合适、可靠的技术提高员工绩效；
（3）通过培训，让服务人员知道顾客的期望、认知和问题；
（4）提高服务人员的人际交往的技巧；
（5）赋予管理人员和服务人员现场决策的权力；

（6）加强服务人员的团队合作精神，进行团队奖励，将激励因素与优秀服务的传递联系起来。

（四）消除营销沟通的差距——使服务的传递与承诺互相匹配（差距4）

这种差距产生的原因可归纳为两类：一是企业外部营销沟通的计划与执行没有和服务生产统一起来；二是企业在广告等营销沟通过程中往往存在承诺过多的倾向。为此，企业可以采取如下管理措施：

（1）做广告等沟通策划时，最好有生产人员参与；

（2）可以考虑员工做广告的主演；

（3）开展有销售人员和生产人员参与的顾客交流会；

（4）保证不同地点的服务质量标准一致；

（5）服务中出现的差错，要给出确定的、合理的、不可控的理由。

以上所列的措施都可以在很大程度上消除感知服务质量的差距。

本章小结

当前，服务业在经济中占有越来越重要的地位，服务型企业面临许多服务营销的问题。由于服务与产品有着本质的区别，就决定了服务营销在许多方面和产品营销存在着极大的差别。服务的概念、基本特征和分类能够帮助读者从多角度来理解服务及其营销问题。由于服务的基本特征与产品在本质上的差距，服务营销不可避免地或多或少涉及服务生产过程。因此，理解掌握服务营销组合及其有形展示是十分重要的。不同类型的有形展示对顾客的心理以及判断服务质量的过程会产生不同程度的影响。对于纯粹的服务供应商，服务质量是顾客评价服务的质量标准；而在无形服务与有形产品混合在一起的情况下，服务质量对于顾客的满意程度也有着重要影响。

拓展练习

思考题

1. 服务营销的概念及特点是什么？

2. 服务营销的有形展示和无形展示各自的特点有哪些？

3. 服务的内涵及特性是什么？

4. 如何缩短服务质量的差距？

5. 结合服务营销说明如何在厨柜营销中提升营销效果。

第七章　厨柜销售主体的素质和技能

第一节　区域代理商的素质和技能要求

学习目标

全面掌握区域代理商的素质和技能要求，懂得如何判断区域代理商的市场环境及准入条件。

【重点】

1. 区域代理商的市场分析
2. 区域代理商营销活动

【难点】

厨柜区域代理商经营活动的开展

任务讲解

厨柜销售主体（区域代理商、专卖店经理、营销员）在厨柜销售市场环境中承担的重要角色及经营活动。

一、区域代理商的市场分析

厨柜属于舶来品，在中国发展不到二十年，初期主要集中在一线城市和沿海城市，这些区域厨柜行业进入比较早，品牌众多，一些一线厨柜品牌基本覆盖。厨柜厂家都有自己的设计风格和营销能力。

中小城市的加盟商在选择厨柜生产厂家的时候，注重品牌价格和定位。这类城市的消费群体决定市场的加盟商选择何种厨柜品牌。品牌的发展方向、市场占有率都是目前所有厨柜企业最看重的，而这部分地区的意向代理商对市场有自己的看法和要求，更多地体现了因地制宜。

县城和乡镇的一些厨柜代理商这两年发展迅速。但是这类代理商基本上都受到物流的影响。县城、乡镇的物流不是很完善。厨柜生产后发货给代理商，以及厨柜的售后都离不开物流，所以这块市场的代理商对物流的重视程度很高。

二、区域代理商准入的基本条件（参考行业）

（1）资金实力——地级市：自有资金80万元以上；县级市：现金持有量55万元以上。

（2）经营能力——开过或正在开品牌家居建材门店或公司，年销售额在150万元以上；开过或正在开品牌专卖店（他行业），年销售额在200万元以上。

（3）店面要求——地级市要求200平方米，最低不小于180平方米；县级市要求150平方米，最低不小于120平方米；门头宽度不小于8米。

（4）理念及合作性——对行业对品牌有深刻认知的长线投资者；自己亲自操盘或有职业团队，愿意遵从厨柜企业营运团队的指导来推进各项经营活动。

授权审核所需表单："加盟申请表""店面选址审核表""资金证明""市场计划书"等。

三、厨柜区域代理商经营活动的开展

一个厨柜品牌在某个区域的成功除了厨柜品牌自身的优势和上游的宣传、推广以外，更脱离不开代理商自身的努力。当一个新品牌进入某个市场，代理商需要做诸多的努力，其中最重要的是如何进行有效的市场推广以顺利地切入市场，逐渐提高市场占有率，并在接下来的时间里巩固、提升市场地位。

首先，我们要明确市场推广活动的重要性。如果没有市场推广，代理商只能守株待兔。

市场推广活动中，上游企业占有空间的优势，因为面对更广阔的市场，对上游和整个行业的了解渠道比较多，更容易了解竞争类品牌的特点和动态。所以，上游企业可以结合自身品牌的特性，有针对性地做出指导性的市场推广方案。而代理商更熟悉所在区域的消费特点和竞争对手在当地的实际状况，更因为直接面对市场，可以根据品牌的特性结合当地市场特性，合理有效地调配自己的资源：人、财、物、广告资源等，制定出在当地的具体实施方案。

1. 市场调研

市场调研是一个重要的环节，一次完备的市场调研是市场推广的重要前期环节。调研的大环境主要包括房地产及装修市场的调查、建材市场及卖场的调查、同行业及相关行业的调查、上游企业的动态、本企业内部员工的动态等。

2. 产品和价格

任何好的概念或者服务都以产品作为基础，价格也是产品方案中不可忽视的组成要素。有效并非是指低价，价格能有效地说明品牌的定位，价格的组合方案是参与市场竞争的重要手段和工具。高端产品无端降价很有可能伤害到顾客的购买积极性，并伤害到目标消费群体的认可和忠诚度；而大众产品定高价，一定会影响到消费群体的有效扩展，从而导致占有率过低，可能面临"四面楚歌"的困局。

3. 推广主题

企业在做市场推广的时候必须要有个恰如其分的推广主题，而这个主题的出发点必须围绕消费者来设定。恰如其分是设定主题的重要注意事项，不考虑顾客感受闭门造车叫"自娱自乐"，顾客不买账；而过分夸大或者献媚，消费者又感觉你不真实，甚至有欺诈之嫌。

4. 广告宣传

做推广不做广告犹如锦衣夜行，别人看不到只能做自我的心理安慰。多数人都知道做广告的作用，但能清楚如何有效地做广告宣传的不多。

主要存在的表现是：

一是担心费用太高，投入得不到回报不敢做广告；

二是有做广告的强烈意愿，但不清楚广告投放的策略胡乱投放，导致费用过高；

三是过高地估计了广告的作用，对广告有不切实际的期望，对广告肆意夸大或者杜撰内容，形成隐形危害。

5. 领悟力与执行力

代理商团队对于市场推广的意义和主要手段必须要有清醒的认识，如果只是知道而不能领悟其中的具体操作细节，必然会遇到诸多问题难以克服。销售团队的管理更多的是靠疏导而非制度约束，如果团队对操作细节不能做好，必然导致员工处处碰壁，员工的信心和热情很快就丧失殆尽。所以，领悟力是团队执行能力的前提，而领悟力的提高取决于团队领导者的思想高度和专业操作高度。

6. 消除干扰

在做市场推广过程中要遭受多方面的外来干扰，包括工商、城管等职能部门的管理，要受到市场、同行业竞争对手的拦截甚至攻击。所以，在推广过程中必须要考虑到这些来自外界的不和谐因素。首先，我们要做到"身正不怕影子斜"，做任何形式的推广要从尊重消费者、尊重行业规则、尊重社会公德和国家法规的角度出发；其次，对于相关的政策法规要积极地了解、研究，并与相关部门建立关系，提早沟通；最后，遇到问题不要推诿、躲避，而是要积极地面对处理。

7. 合理安排

品牌的成长需要一个非常长的过程，而经销商的经营也应该立足长远，不可心浮气躁、急功近利。如果能先入为主，先声夺人当然是好，但如果能厚积薄发、后发制人也不失为上策。随着市场的逐步成熟和完善，新品牌进入市场的难度越来越高，而市场的竞争程度却越来越激烈。作为代理商，在经营过程中，应立足长远，周密计划，合理安排好手里的资源，做长期规划。

第二节　专卖店经理的素质和技能要求

学习目标

全面了解专卖店经理的素质和技能要求，知悉专卖店经理的日常经营管理及团队建设情况。

【重点】

1. 专卖店经理的职业素养、组织架构和人员配置
2. 专卖店经理的日常管理
3. 专卖店经理的营销管理

【难点】

专卖店的经营及营销活动

🔍 任务讲解

　　企业的销售目标的实现，最终来自于专卖店的实现；品牌的塑造来自于终端消费者的认可，所以专卖店的经营与管理显得尤为重要。

一、专卖店经理的职业素养

（一）专卖店经理的角色

　　专卖店经理是厨柜展厅销售业绩的第一责任人、销售团队的管理者、品牌形象的终端维护第一人，负责管理展厅的日常运营与提升，带领团队完成企业下达的各项经营指标。

表 7-1　专卖店经理的角色

角　色	责　任
展厅的代表人	专卖店经理代表厨柜与顾客、社会有关部门建立联系；同时，还是员工的代表，因此，专卖店经理必须对展厅的运营了如指掌
政策的执行者	对企业的政策如经营标准、管理规范、营销活动、业绩目标等专卖店经理必须忠实执行，专卖店经理要学会运用所有资源，满足顾客需求和企业的经营目标
展厅的指挥者	专卖店经理负责展厅运营的总指挥，安排好各员工的工作，让所有人员高效开展各项本职工作
问题的协调人	专卖店经理应具备处理各类问题的耐心与技巧，进行上情下达、下情上达，以及内外沟通，协调好各种关系，处理各类问题
团队的建设人	专卖店经理不仅要搭建团队铁三角和工作岗位 AB 制，以此保证销售团队的稳定；并且还要时时充实自己的实战经验及相关技能，对下属进行岗位技能训练，提升团队人员的各项技能
士气的激励人	专卖店经理要时时激励员工保持高昂的工作热情，形成良好的工作状态，让员工有强烈的使命感、责任心和进取心，指导员工以最佳的面貌展示出来，激发顾客购买，提升销售业绩

续表

角　色	责　任
制度的制定人	为保证展厅实际作业，专卖店经理必须对展厅的日常运营和管理业务制定有效的制度（例如考勤、卫生、激励处罚、争议单、迎宾等等）
流程的梳理人	为了业务的顺畅开展，展厅的各项工作都需要有一个规范的作业流程：各类订单流转、财务对接、业务对接、下定金、签合同、下单等都需要专卖店经理及时有效地做出梳理
业绩的责任人	专卖店经理要具备分析和推动展厅业绩的能力，收集展厅的相关销售信息，进行有效分析，进行合理的目标管理，达成企业不同阶段的经营目标
品牌的维护者	作为客户的售前、售中、售后服务的维护者，以及客诉的第一处理人，避免因为服务导致的客户口碑下降，品牌名誉受损

（二）专卖店经理的任职资格

具备丰富的销售知识和技能，熟练掌握厨柜展厅的营运系统及对接规范，具备管理好一家展厅的能力与智慧，具有优秀的销售力、学习力、影响力。

（三）专卖店经理职业能力评价指标

表7-2　专卖店经理职业能力评价指标

能力分类		合格的专卖店经理	优秀的专卖店经理
职业道德	责任感	对职责界定不够清晰的任务，能以组织成效为重，主动承担，不推卸给他人	当团队中他人的工作需要帮助时，付出自己的时间精力，对规定职责以外的工作做出贡献
	敬业精神	乐于追求理想的工作结果，在达到任务的基本要求情况下，能尽自己能力继续提高工作效率	理解客户或团队伙伴的的需求，乐于不断改进工作方式，提供超出期望的服务
	团队意识	与同事协调配合，经常主动与相关部门协调，乐于协助他人工作，员工合作关系融洽	善于与同事合作，能相互支持并充分发挥自己的优势，能主动维护团队士气并保持良好氛围
	进取心	对自己的工作不断改进，对业务勤于钻研，注重学习，不断完善自我素质	对自己的工作要求高，时时想到工作改善提升，有强烈的发展欲望

	能力分类	合格的专卖店经理	优秀的专卖店经理
管理能力	计划组织能力	对于部门的工作目标，比较详细地了解资源，进行任务分解和时间安排，落实到人	对界定不清晰的工作能加以分析，提出可管控的目标和所需资源，做出执行计划，安排实施
	目标管理能力	和下属一起讨论确定团队的目标，引导员工努力提升团队的效益，共同分享回报	通过目标认同及团队建设策略，建立良好组织气氛，增强团队凝聚力，保持员工士气
	沟通能力	乐于和他人交流工作体会；工作中能用语言或文字清晰表达自己的想法，能客观接受批评	组织团队讨论工作经验；在批评他人时能分析问题和提出改进意见，主动了解批评，自我改进
	解决问题能力	能意识到工作中的问题所在，努力寻求解决办法，能利用已有制度和资源处理问题	能发现问题，积极思考，采取正确的方式解决，制定有效的创新措施，改善团队效率
	领导能力	能根据下属情况有效分配工作，也能较为合理地评价下属，能利用奖励等方式提高员工积极性	善于了解下属需要，善于分配工作并合理评价下属绩效，能引导和激励下属积极主动地工作
	开拓创新能力	在工作范围内，能根据积累的经验改进现有方法和技术，提出改良建议	通过吸取和学习外部经验，为企业提供关于新的产品、技术或服务的构想
	员工指导能力	帮助员工澄清自己的发展方向和目标；鼓励和指导员工参加学习与培训，进一步提高工作技能	有意识地通过工作安排来考察员工，帮助员工熟悉相关岗位工作内容，传授管理经验
	学习能力	不断总结经验教训，对新知识能迅速掌握，善于将方法进行整合，并能带领大家共同学习提高	从外界获取知识经验，经常提出独到见解，使工作经常取得令人满意的结果，能帮助他人学习
专业技能	口头表达	说话主题明确，能用简练的语言表达出自己的意图	语言精炼，主题明确，说话具有感染力
	客户服务	服务意识强，工作中从不出现服务问题，顾客满意率始终在95%以上，热情、主动	有良好的服务理念，能有效地与工作相结合，同时能够发现与指导他人做好服务，满意率100%
	销售技巧	掌握产品属性和特点，能进行有效的产品销售，引导并满足顾客需求	能引导顾客需求，通过有效策略达成销售，并将经验上升为知识技能，做内部传递
	服务意识	能满足内部及外部顾客的需求，及时提供服务和帮助	能主动满足顾客需求，通过收集，了解顾客需求和期望，与顾客保持协调、紧密的关系

第七章　厨柜销售主体的素质和技能

二、组织架构与人员配置

（一）展厅的组织结构

无论厨柜展厅的经营主体是属于直营或是加盟，展厅都作为"厨柜"的主要展示平台和销售终端。根据展厅的经营规模大小，有以下两种建议。

1. 一般成熟的销售团队的组织结构建议（见图7-1）。

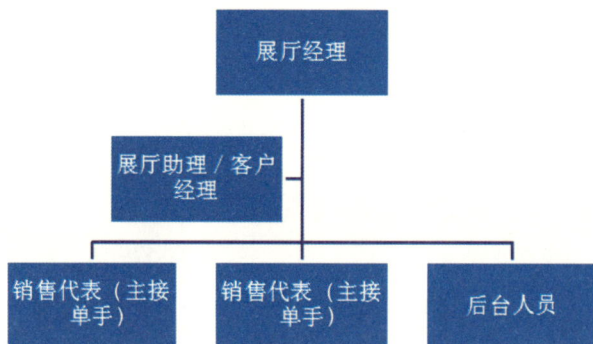

图 7-1　展厅销售团队组织结构

这类厨柜展厅人员标准编制一般为5～7人，主要由一名专卖店经理、一名专卖店经理助理或者客户经理、2～4名销售代表或者主接单手（可根据经营规模确定人数）和一名后台组成。专卖店经理、展厅助理（客户经理）、主接单手构成了展厅的管理铁三角（或铁四角）。

2. 比较成熟的销售团队的组织结构建议，即一店破二／破多（见图7-2）。

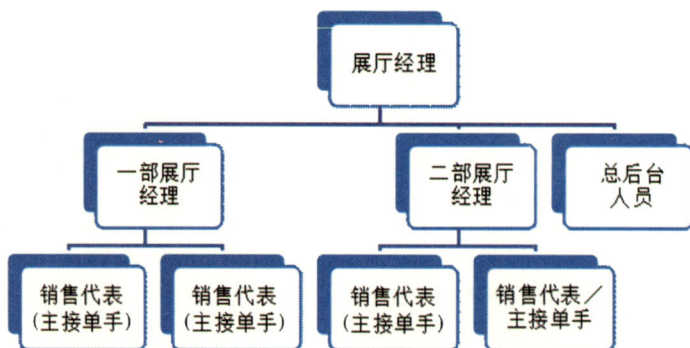

图 7-2　展厅销售团队组织结构

这类大业绩规模的厨柜展厅人员标准编制一般为8～10人，主要由一名展厅经理、两名分部专卖店经理各带两个团队（可根据经营规模确定分部数量，也可以一店破多），各个分部由2～3名销售代表（主接单手）和一名总后台组成。

（二）岗位职责

表 7-3　岗位职责

岗　位	工作职责
专卖店经理	1. 根据企业下达的业绩目标，分配任务并对员工进行指导，监督考核业绩的执行和达成 2. 负责协调展厅内部团队建设，创造良好的工作氛围 3. 制定和梳理展厅营运流程，保障展厅卫生环境，相关饰品和配饰的完整性 4. 负责控制和优化服务品质，提升客户满意度 5. 组织"三角"梯队建设，工作 AB 制，进行人才储备，满足企业发展的人员调整 6. 店员管理，根据展厅规模确定员工岗位和数量，人员构成；安排员工工作，负责人事、绩效考核及薪酬发放；负责兼职人员的配置；负责员工的提升、调转、培训辅导、激励及奖励等工作的推进 7. 负责展厅与企业其他部门的良好协作 8. 负责展厅的月工作总结及计划 9. 信息管理，比如，同行竞争，顾客、商品等信息搜集、整理 10. 完成上级领导交办的临时任务
分部展厅经理	1. 根据专卖店经理下达的业绩目标，分配任务并对分部员工进行工作指导，确保分部业绩的达成。对分部业绩的达成负责 2. 负责售前督促本部门展厅员工接待、跟踪、回访机会客户，售中电话追踪安装进度，确定签合同收款推进，协助员工签订合同等 3. 协助专卖店经理，有计划性、目标性地完成展厅的整年业绩 4. 对自己部门的业绩进行有效分析，对自己部门的人员进行有效管理 5. 协调自己部门人员，与展厅其他分部人员良性竞争，和谐共处 6. 一个展厅的自然客流资源有限，成立分部，不仅是需要展厅自然客流的成交率更高，更重要的是需要各分部专卖店经理走出去，安排分部人员负责商场周边家装、小区、老业主等的客流开拓与订单达成 7. 完成领导临时交办的各项工作
专卖店经理助理	1. 负责售前督促展厅员工接待、跟踪、回访机会客户，售中电话追踪安装进度，确定签合同收款推进，协助员工签订合同等 2. 协助经理分配工作，有计划性、目标性地完成企业整年业绩 3. 协助经理制定展厅具体工作流程，展厅内部环境管理，维护 4. 协助经理与客户沟通，完善客户档案，处理客户投诉 5. 协助专卖店经理监督完成新进员工的专业与制度培训和考核 6. 做好展厅服务及人员管理监督 7. 完成领导临时交办的各项工作
销售代表（主接单手）	1. 作为展厅的主接单手，力保每月订单、业绩、电器配比的超额完成，带动展厅其他工作人员完成业绩目标 2. 协助展厅进行外围家装及小区开发并同大客户进行良好协作 3. 掌握产品知识和销售技能，完成客户的接待，讲解和销售促成 4. 配合其他部门工作，特别是与设计人员衔接，以客户满意度为前提，设计方案的讲解等 5. 负责客户及市场信息的收集反馈，登记，挖掘客户需求 6. 建立客户档案，经常回访客户，维护并提升企业形象 7. 协调整个订单业务中，客户的售前、售中、售后服务（产品的及时供货，协调客户关系，安装到货，检验安装品质与卫生，保证客户满意度） 8. 分工协助专卖店经理：负责卫生、考勤、仪容仪表、环艺陈列等的维护 9. 完成上级领导交办的临时任务

续表

岗　位	工作职责
销售代表 （后台）	1. 在展厅业绩目标指导下，完成展厅每月分配的个人及团队的订单及业绩任务 2. 财务收款录入，展厅各类数据报表整理 3. 展厅 ERP 各类订单下单，跟踪，出货 4. 到货排单、安装、协调客户、展厅、设计、安装人员 5. 每年企业服务季与企业和企业客服对接工作 6. 老客户口碑维护，跟单安排等 7. 配合展厅其他工作：样块管理、申请物料、报表票据管理等等 8. 完成上级领导交办的临时任务
实习生	1. 熟练掌握产品及销售知识 2. 在销售代表指导下进行展厅客户接待，产品介绍 3. 完成环境清洁、信息记录等展厅常规工作 4. 完成专卖店经理交办的其他临时事务

三、专卖店经理的一天——单店运营工作流程

在明确员工各自的岗位职责后，专卖店经理必须熟练掌握展厅的运营流程细则，做好自身本职工作，才能起到模范带头作用，从而保证每日经营活动的有序进行。

（一）开店流程

（1）员工必须提前到达展厅，整理好个人形象，做好工作前的准备。

（2）检查员工出勤的情况，了解人员的精神状况。

（3）安排展厅人员轮流值日，对展厅人员仪容仪表、卫生、考勤、工作情况进行评比，每周评出优秀销售人员进行奖励。

（4）售前检查：没有妥善的准备，就无法有效地进行产品介绍，开始展厅的营业前的检查与准备工作，包括以下方面：

①复点过夜店面所有的销售产品及设备等有无缺失，有无损坏，主要包括：样柜、饰品、厨居产品、配件、电器、电话、空调、饮水机、音响、重要文件和灯光等。

如果发现缺失或者损坏，销售顾问应及时报告上级，寻找原因，及时处理。无论实行正常出勤还是两班倒制，销售顾问上班第一件事情就是对所有样柜展示品进行复点，以明确责任和保障销售展示。

②检查商标及价格标签

尤其厨居商品要明码标价，这样有利于顾客参观、选购和监督，并可以减少销售顾问与顾客的问答，帮助销售顾问熟悉商品的价格，避免发生卖错价格等事件。检查商品的标签时，应注意商品价签是否齐全，有无欠缺；商品与标签上的货品是否一致；商标文字是否清晰，顾客是否能看清楚；商标内容是否完整，如商品产地、品名、型号、规格、颜色和款式等。在检查中，如果发现价格错误、字迹模糊、缺少内容等情况，要立即改正或补上。

③检查招待用品

招待客户的用品不得马虎,这是提升客户服务的开始,如金牌厨柜就要求所有销售门店必须具备以下招待用品:柠檬水、咖啡、糖果、糕点、书刊、轻音乐、IPAD效果图展示等。

图7-3　招待用品

④检查与准备助销工具

主要助销工具:产品手册、宣传册、电视、电脑、音乐、电话、笔、计算器、打印纸、打印机、备用金、估价单、预算单、合同封套、票据袋、购物袋、纸杯、名片、门板样块、台板样块等必备的辅助工具。销售顾问在营业前应检查、预备齐全上述物品,放置在适当位置,以便随时取用,避免不必要地拖延顾客的等待时间,影响客户体验及服务满意度。

⑤清理营业环境

营业之前,必须对展厅和展示样柜等进行清理打扫,做到通道、绿色植物、样柜内外、配件、电器、饰品、样架、橱窗无杂物、无灰尘,整体环境明亮洁净,井然有序。清理打扫的同事顺便检查样柜及配件是否完好无损,使用顺畅。为保证销售演示的顺畅和完美,在营业前,一定要认真检查每套样柜及配件,确保样柜的开合、抽拉顺畅。如果发现铰链或配件有松动或损坏,应及时报告给上级,及时解决。

⑥摆放促销等宣传物料

主要包括吊旗、POP、灯箱、礼品、宣传单页等促销活动物料,它们摆放的合理与否直接影响着宣传效果。

销售顾问在营业前,可依据以下 3 个原则科学合理地摆放助销用品。

A. 位置适中

既不能遮挡顾客视线,也要避免因距离商品太远而影响促销效果

B. 数量适中

过多的 POP 广告、宣传品等会让人产生压抑感,遮挡通道内的顾客视线,影响顾客购物心情;摆放过少则影响宣传效果,因此 POP 广告等物品的摆放数量要适中。

C. 及时更新

过期的促销物料不能摆放在展厅,以免引起客户投诉。

(二)展厅晨会流程

早会是展厅的每日一会。各地展厅根据交接班的时间点不同,可安排在午间的交接班

时间进行。如无交接班，安排在每日卫生结束后，商场正式营业前，每日一会不可省略。

早会由专卖店经理主持或者展厅人员轮流主持，所有员工必须参加。

内容一般包括（展厅晨会八部曲）：

表7-4　厨柜门店晨会八部曲

主要步骤	说什么／做什么	目的
1. 列队问候及介绍新伙伴 2. 主持人仪容仪表检查 3. 重要信息传达 4. 回顾业绩、鼓励、表扬、感恩及分享 5. 目标跟进，今日销售目标下达及销售宣言 6. 问题反馈及互动总结 7. 最终激励 8. 工作安排及营运重点	立正、向右看齐、向前看、稍息、立正、喊口号	打士气
	1. 发型；2. 妆容；3. 指甲；4. 工装；5. 鞋子	标准考核
	今天重要事件（举例）： 1. 企业通知文件（促销等） 2. 新品或者产品停售等通知 3. 大客户今日重要订单信息报备 4. 今日安装及售后等信息通知 5. 今天是××生日，一起祝他生日快乐	事件宣导
	1. 回顾店面的业绩：月目标××，实际完成××，完成比例××，昨天目标××实际完成×× 2. 昨天××业绩、订单做了第一名，掌声响起（如果有时间请他／她给大家分享一下是怎样做到的）	互动、表扬、鼓励、学习
	1. 本月个人业绩累计排名：第一××，第二××，第三××，落后的伙伴要加油 2. 我们今天的目标是：每个人提报自己的意向×个，订单×个，收款×万，售卡×张 3. 我会时刻跟进你们的业绩，下面请各位伙伴做销售宣言（讲讲自己的个人销售目标）	清晰目标、承诺、跟进
	1. 大家还有什么工作问题或主持人没有讲到需要补充的？ 2. 主持人问：今天的目标？个人目标？	解答、重复、加深记忆
	主持人手心向上，其他伙伴手心向下，重复三遍：主持人喊"让我们一起"，然后一起喊"加油、加油、加油！"	激情
	做门店卫生：按照负责区域，结束后主持人要做卫生检查	分配到人、跟踪检查

（三）展厅下班夕会及其他工作

当天营业结束后，专卖店经理还需要做好当天的总结工作，并召开展厅夕会，总结一天的销售情况，如表7-5。

表 7-5　厨柜门店餐会五部曲

主要步骤	说什么 / 做什么	目的
1. 感谢员工一天的辛苦工作 2. 销量宣读点评 3. 工作历程回顾 4. 重要事务交接 5. 会议结束	专卖店经理鞠躬感谢员工一天的辛苦工作。然后和员工围坐在展厅的洽谈桌边开始一天的餐会	放松，感恩
	1. 承接晨会时制定的目标，店长宣读一天的销量汇总及销售人员的销量目标完成情况，并进行点评 2. 对于完成任务的销售人员给予口头表扬祝贺，对于未完成任务的销售顾问给予建议并鼓励继续加油	总结
	1. 每名销售人员总结自己今天一天的工作，陈述专卖店经理交代的临时事务的完成情况，以及讲解自己一天接待的顾客及未成交原因、成交原因、改进计划，对于未成交原因，由店长结合其他销售顾问意见给予指正 2. 专卖店经理询问所有人 ERP 客户录入情况，及其他常规客户维护工作完成情况	回顾，避免工作遗漏
	1. 第二天休假人员工作交接 2. 今日电话、事务交接等	交接
	再次感谢员工一天的辛苦付出，各自换好衣服，关好水电离开门店	结束一天辛苦的工作

最后专卖店经理或者助理应该：

（1）组织展厅的卫生清洁，货品清点，检查现金（是否及时上缴或存入银行）；

（2）顾客档案整理、各类报表的填写等；

（3）向企业发送相关的报表和单据；

（4）专卖店经理再次做最后的管理检查；

（5）关闭展厅，下班。

（四）每天例行工作

（1）跟进展厅的实务工作，留意各组工作情况，掌握营业信息及时跟进。

（2）跟进业绩情况，身体力行推动销售，跟好机会客户，达到目标。

（3）专卖店经理根据接单的实际情况，定时间段跟进销售人员加以帮助，并且促成订单成交。

（4）每日交接班时查看交接记录本，落实每日员工工作计划的完成情况。

（5）每天至少要与外围业务人员或跟单人员进行沟通，了解业务开展及现场处理情况。

（6）负责展厅人员洽谈、接单、收款、下单、合同审核等业务操作流程的监督及指导。

（7）负责异常情况及突发事件处理，重大事项及时汇报客服并积极配合工厂售后，及时处理，有经典案例时应做好登记，并跟展厅人员一起分享经验。

（8）负责与企业行政人员落实、协调安装工程部安装及售后服务工作。

（9）每日做好销售业绩的统计并分析原因，及时做好收款统计及收款通知书、对账，督促及时上缴款项给财务人员。

说明：一般有收款的话会在隔天上交企业财务，但当天得由专卖店经理保管好款项。

（10）每日销售数据及时上报给企业。

（11）完成企业所安排的其他工作。

（五）每周例行工作

（1）分析前一周的工作。

（2）追踪重点顾客动态。

（3）对团队员工进行工作及能力评估。

（4）各套路的销售绩效分析。

（5）进行内部小型员工技能培训。

（6）每周的工作总结学习会。

（7）与员工的深度交流沟通。

（8）促销工作总结。

（六）每月例行工作

（1）每月的工作进展分析。

（2）进行当月的员工考核，绩效奖励分配。

（3）各套路的销售绩效分析。

（4）进行当月的销售报表数据统计，提交。

（5）进行当月的客流分析，提出下个月的工作计划。

（6）竞争动态分析，展厅促销等营销推广活动设计。

（7）员工专业技能培训提升。

（8）与渠道及企业总部进行工作信息交流。

（七）例外（突发）事件管理

（1）突发事件，专卖店经理应保持冷静。

（2）以安全第一的原则，阻止事件的发展。

（3）第一时间通知上级领导。

（4）尽专卖店经理职责，维护店面形象和企业的利益。

（5）在力所能及的范围里，第一时间独立处理。

四、展厅人事管理

专卖店经理作为展厅的管理者，在企业指导下承担展厅人事管理，主要工作有以下几方面：

（一）人员招聘、面试

展厅的员工主要来自两个渠道：一是展厅自主招聘的人员，经由企业培训或展厅的自我培育，经考核合格后上岗；另一种是由企业根据各展厅发展的实际需要，向各地展厅派驻经企业培训的成熟展厅员工（包括各个岗位）。

（二）人员培训

为了提高展厅员工的专业素质和服务质量，需要经常性地对展厅员工进行地专业技术和服务质量、作业流程的培训、提升。目前具体的办法有：

（1）组织展厅新进人员进行集中培训，或申请输送人员到企业总部系统培训。

（2）企业总部派出相关的技术人员到展厅做直接的培训，督导。

（3）企业总部每年定期组织展厅骨干参加提升性培训和学习。

（4）企业总部不定期下发相关的学习资料，专卖店经理组织相关人员进行内部自学活动。

（三）人员聘任、试用、转正与晋升

被录用员工必须在双方协商的报到时间前向展厅报到。如遇特殊情况，说明原因经批准后可延期报到。应聘人员到展厅报到后，需及时向展厅提供个人相关资料原件及复印件备档。

五、人员培训管理

提升展厅人员的工作素养是提升展厅销售额的基础。展厅日常培训在于巩固产品销售知识，加强对行业、竞品的认识与掌握，展厅人员培训分上岗技能培训和在职员工培训两类。

（一）新员工上岗培训

为控制展厅管理成本，提高专卖店经理的管理能力，展厅营业后的新入职员工，在完成企业提供的入职通用基础培训后，直接安排到展厅进行上岗专业技能培训。

新入职员工的上岗技能培训由专卖店经理（或由专卖店经理指定销售代表）担任辅导师，辅导师根据企业提供的培训教材和培训计划，对新入职员工进行一对一的辅导培训。

（二）在职员工培训

在职员工的培训由专卖店经理担任内部讲师，负责日常培训的组织、评估。

为保证加盟展厅的运营质量，企业提供以下培训支持及技术标准，专卖店经理应遵守企业的职业标准，并运用好企业资源：

（1）展厅所有人员必须经专业培训后上岗。

（2）展厅可向企业申请派专业技术人员往展厅进行技术指导（含无偿、有偿）。

（3）展厅可向企业总部申请相关的培训技术文件、图像资料，由专卖店经理负责培训执行。

（三）单店的培训执行

1.做好培训计划

针对新员工的培训计划越详细越好，按企业的培训课程体系分类，以相关工作岗位的工作流程、规则为基础，设置适合展厅开展的培训内容计划。

2. 开展员工教育

有了培训计划，培训执行是关键。

专卖店经理要善于借助晨会、周会、例会的会议时间，穿插企业的文件、下达的培训教材等资料进行及时培训。

同时，针对新员工，采取辅导师的"传帮带"模式，在岗位上进行技能操作，并及时注意对新员工的技能进行评估。

3. 培训评估

专卖店经理借助培训部的系列题库、评价表等进行自我培训评价。

六、展厅形象管理

专卖店经理是展厅形象管理的主要执行者和监督者，同时要协调和组织销售代表对展厅形象进行全面维护。

（一）展厅外部形象建设

（1）门头：每日检查保证门头的清洁整齐，并保证灯具明亮无损坏。

（2）促销展架和外挂设施：确保外挂设施的完整性并有效地体现其效果，若有倾斜、破损等情况出现，及时上报并修复。

（3）地面卫生：外部地面卫生及时清理，如属于商场的及时通知商场予以处理。在路边的展厅，应随时清洁门前三米以内的地面。

（4）外墙等设施的卫生，对展厅无法处理的应及时上报企业处理。

（二）展厅内部形象建设

（1）卫生：每天必须打扫并拖地，正式营业前和营业结束后清洁厨柜及饰品，包括给植物浇水。地面、天花板、角落和踢脚线位置均不得有任何污点、漆点（30 厘米目视）。对有脱漆的墙体应立即通知企业指定的装修人员处理。

（2）饰品：经企业销售部门人员设计摆放后，展厅人员不得擅自变动装饰品位置，如因为打扫卫生移位的须及时归位。

（3）工作资料及办公用品：不得直接放于接待桌上，必须整齐放于资料柜内或便于取放的抽屉内，但分类必须清晰，随便堆放的相关人员将受相应的处罚。

（4）接待台、椅、工作区：接待台平时摆放装饰瓶及花，保持台面整齐干净，所有资料摆放有条理，寻找方便，电脑线不允许外露。平时保持播放轻音乐。接待椅整齐摆放，并保持清洁，尤其是金属部分应光亮，无水痕和灰尘。工作区桌面、抽屉、文件、文件夹规范摆放。工作台上、抽屉内不得有私人物品（只可有一个隐蔽的抽屉或柜层用于专门摆放私人物品，并应保持整洁）。

（5）饮水机：确保饮水机正常使用，及时清洗机器外围，确保不漏水。

（6）衣帽间、储物间和洗手间：保持整齐，不得随意摆放更换的衣服，鞋子也必须有序摆放并保持衣帽间的空气清新。清洁工具及杂物摆放整齐。

（7）营业执照和各式证书：用统一花框裱好，指定位置摆放，不得重叠，能让顾客看清晰。

（8）标价牌：一套厨柜台面上只允许统一摆放标价牌在同一处。且需摆放一字形靠于后挡水前。

（9）样块、色块样板架：样板架内物品必须按规定顺序摆放，并在顾客看完后及时放回原位。

（10）促销海报：统一海报架，摆放于显眼处，重点突出促销信息，活动结束后及时收回。

（11）样柜：样柜的台面、门板及柜体内均不得有任何灰尘、污点。柜内不得放置与样品无关的物品，并保持整洁。

（12）样品更换：在样品更换前应及时下单给企业相关部门生产新样柜。在样品更换时需张贴"温馨提示牌"告知客户给其带来的不便，其装饰品应收于储藏间内，须包好，不得随意摆放。样品更换结束后，及时通知环艺部门重新调整补充饰品，样品更换期间必须每天做好卫生清洁工作。装修工的材料请督促其收好或收回，不得因装修影响展厅形象。

（13）其他展厅财产：必须爱护展厅财产，电话传真等必须挂完电话随手放回原处，笔、记事本等要规定地方摆放。顾客资料绝对不允许随便摆放。

（14）灯具：定期检查灯具的使用情况，有问题的及时提报环艺部门更换。

（15）展厅陈列：展厅的柜内展示系统，例如拉篮、抽屉等均需要按照《展厅陈列规范》要求布置。

七、展厅客户售后服务管理

展厅的经营过程，将是一个客户群体不断积累的过程。客户将是展厅品牌推广、市场开发、销售达成的核心因素。展厅一方面要加强与安装部、设计部的业务配合，规范安装业务流程，为客户提供专业的产品设计、安装服务，减少异常发生，提高产品一次安装成功率，提供超过行业平均水平的综合服务；另一方面，则依托企业 CRM 系统建立客户数据库，研究当地的客户产品购买倾向，指导展厅的销售策略。

（一）客服关键流程管理

1. 基本定义

（1）安装收尾：是指第一次安装引起的各种异常，如增补、返修、退换、缺漏补领等工作。

（2）售后：验收结案一个月之后所发生的异常称为售后。

（3）售后单：是指订单已安装，客户验收已超过一个月之后产生的异常申请。

（4）客诉单：由于公司服务等原因，导致客户不满，客户提出索赔要求（注意：只适用于直营）。

2. 规范安装业务流程目的

（1）实时监控每个环节，做到可控，特别是对异常信息的记录与跟踪。

（2）减少展厅对每个环节电话跟踪的次数（节省费用），可通过系统查看，针对性跟踪订单异常状况。

（3）减少企业客服部咨询电话受理量，提高工作效率。

（4）为财务核算提供确切依据。

（5）为安装收尾异常提供了考核依据。

（6）更加明确从安装到保修期的时限，便于售后费用收取。

3. 验收结案后的报修受理（直营）

第一次安装引起的异常（安装异常）全部完成后才能做安装确认，在财务做验收结案一段时间之后所产生的异常报企业客服文员或挂靠展厅统一受理。

（二）客户投诉的原因分析

客户投诉的信息，是沟通展厅与顾客的有效桥梁。对顾客投诉处理不当，有可能引发信任危机和口碑伤害。处理好顾客抱怨是维护顾客满意度的一项基本工作，是提高品牌忠诚度，提升业绩的保障。我们要充分了解可能产生顾客投诉的项目有哪些，比如：

（1）展厅人员仪容仪表不到位。

（2）产品缺货。

（3）产品陈列不合理、价格不合理、标价不明确。

（4）销售代表态度不友善。

（5）产品标名与实物不符。

（6）对顾客的询问，拒而不答。

（7）对产品的专业知识，一无所知。

（8）销售代表抛下顾客，做个人社交活动。

（9）对企业设计款式不满意。

（10）对产品的品质不满。

（11）对安装工人的服务品质及态度不满。

（三）顾客投诉的处理程序

对于已经发生的顾客投诉，专卖店经理应掌握好以下原则和处理方法：

步骤1：道歉，绝对不和顾客争执，如果你赢得了一场争执，你便会失去一位顾客。

步骤2：倾听对方的抱怨。学会倾听，了解事件的过程。

步骤3：分析原因。

（1）如果错在己方，一定要真诚地道歉，对给顾客带来的麻烦要将心比心。

（2）即使错在对方，也要委婉地告诉顾客产生问题真正的原因，并感谢顾客对品牌的信任。（如果不信任顾客就不会来投诉了）

步骤4：记录下顾客的个人资料，找出解决方案

（1）如果是本展厅可解决的，直接提出方案供客户参考。

（2）如果解决方案需上级批准的，立即汇总资料上报上级领导，应告诉顾客明确解决日期。

步骤5：把解决方案有效地传达给客户。

（1）如果客户接受，立即处理。

（2）如果客户不接受，提供新的解决方案。

步骤6：立即处理。

步骤 7：总结经验教训。

（四）客户投诉处理技巧

专卖店经理应严格并创造性地执行好顾客投诉的处理流程，提高客户关系管理效能。

（1）投诉销售代表态度。

专卖店经理协调，并以正确的态度给予客户合理的解释，并以案例作为重点，跟销售代表做分享，避免出现类似投诉。

（2）投诉关于价格或设计方案。

耐心给予讲解，需要掌握顾客投诉问题的出发点。

（3）对产品质量的投诉。

用正确的态度对待客户，始终贯彻以客为先的理念。

（4）如果顾客投诉超出专卖店经理决定权限，可向直属上级申请。

八、促销管理

不同营业时期，展厅运用各种不同的促销手段将对展厅的经营销售起促进作用。为达到促进销售，提升展厅的品牌形象，普及新产品等目的，企业将制定各类促销活动计划，供各展厅实施。通常，每一个具体的促销活动，企业总部都会有相应的促销行动计划书，加盟展厅要积极参与并认真执行，同时将执行效果反馈到企业总部。

专卖店经理的促销管理侧重于领会企业总部的促销活动精神，活动目的和意义，提升自己的促销活动组织能力，并根据各自展厅的经营业务状况，灵活开展促销。

（一）促销前

（1）动员会：在每次的促销活动开始之前，即在企业总部方案出来前两三天，专卖店经理应做好对员工的信息传递工作，并让他们提醒客户近期会有活动（类似于会比平常更优惠的宣传等），从而进行充分的宣传造势，并做好相应的物料准备工作。

（2）企业总部方案出来后，首先要了解清楚促销内容，开会理解方案，做好最好的说辞准备。其次要督促企划部，准备活动宣传彩页、促销样块、促销礼品及展厅布置等，进行氛围营造。并且通知所有留电话的意向客户，在电话通知时应尽量模糊，以引导客户到展厅并促成其订购，对于已交订金但之前没有享受任何活动优惠的客户也可通知，让其预交合同款就可享受本次活动了。

（二）促销中

（1）促销活动开始后，对于进展厅的每个客户，应告知其活动内容，对于订过的客户要解释促销目的，防止客户要求退款等。活动快要结束时把通知过没有来或来过但还没有定的客户再通知一次，减少客源流失。可以以热营销的形式落地。

（2）引导客户理解活动优惠，在每天营业结束时整理好当天的促销信息表，并于活动结束后发给采购审单制定的信息统计负责人。

（3）及时关注客户对于促销内容的反应，赠品受欢迎的程度，方案的认可度等，同时进一步整理改善促销话术及促销内容调整。

（4）在活动进行当中，应注意享受活动条件，比如应满足一定的缴纳金额或在促销期内交了定金及预签了合同等的具体收款要求。

（三）促销后

（1）在促销活动结束后应该把所有的有关促销的资料收起来，以免引起客户误会，并且在活动结束后及时做好促销信息统计表及款项的上交工作。统计礼品赠送情况，多余的通知企业，若有抽奖号码，应做好相应的统计工作。

（2）总结活动效果，对活动进行调查和数据分析，并据此跟企业或营销策略部进行交流，以促进下次活动方案的完善。

（四）促销方式及方法

（1）展厅热营销落地（噱头可以使用新品品鉴、周末美食体验、小区专供、节假日老客户汇聚等）；

（2）展厅设计师沙龙、厨柜装修知识讲座等；

（3）展厅大型联盟促销、砍价会、团购会；

（4）单品大促、商场落地等。

九、展厅情报管理

展厅的市场销售情报来自于企业全体员工的日常积累和展厅的专题信息收集活动。作为专卖店经理，要在日常工作中保持信息的敏感度，同时，引导员工做好有关的信息采集工作。

以下几点可以帮助我们开展销售及市场开发的跟踪：

（1）密切注意四周同行店的动向（特别是促销活动）。

（2）同行店有什么产品畅销的，应及时汇报。

（3）注意人流变化和商场四周楼盘的变化。

（4）收集同行的各类信息（销售额、房租、薪资、人事、团队等）。

（5）收集顾客信息。

①来店次数；

②从家里到本店有多长时间；

③光临本店的原因；

④对本店产品的感觉和建议；

⑤对本店服务的感觉和建议；

⑥对本店不满的地方。

（6）收集新楼盘信息。

收集情况应不动声色，留心收集。

收集的情况应及时汇报上级，让上级可以作出适当调整。

第三节　专卖店营销员的素质和技能要求

学习目标

　　了解专卖店营销员的素质和技能要求，知悉专卖店营销员的日常销售活动及在销售中处理的各种问题。

【重点】
1. 专卖店营销员的基本素质
2. 专卖店营销员的基本技能
3. 专卖店营销员的销售技巧

【难点】
营销员的销售技巧

任务讲解

　　熟悉厨柜专卖店销售的最终实现，了解厨柜专卖店营销员日常销售活动所从事的具体工作流程及操作实务。

一、专卖店营销员的基本素质

（一）专卖店营销的重要性

　　在厨柜展厅，销售顾问与上门推销的人员不一样，是属于"坐销"性质，主要是在展厅接待顾客，服务顾客，完成厨柜销售。专卖店营销员作为联系产品与顾客购买活动的桥梁，一方面是将产品推荐给有特定需求的顾客，另一方面，将顾客的特定需求反馈给公司。

　　考察专卖店一线人员现状，我们看到：优秀的营销员成长更多是依赖其个人素养和努力，展厅进行规模复制很难；同时，优秀的销售案例和经验得不到有效传播。随着更多新市场的开发，越来越多销售新人加入，如何帮助营销员认识销售工作的价值，从单纯的产品讲解向顾客需求解决专家转型，成了专卖店运营和培训开发的重要课题。

　　销售工作是一项智力活动，知识学习和经验积累要在关键时刻能临场发挥，我们认为"急智"可通过平日的模拟和强化来提高应变能力。

（二）专卖店营销员需具备的基本素质

　　优秀的专卖店营销员不仅能够很好地销售产品，还能给客户带来知识、文化等超值的服务是公司与顾客之间沟通的桥梁。为此，专卖店营销员必须是一个有着专业素质、专业技巧、专业服务，有着顾客喜欢的亲和力的营销员。专卖店营销员需要有一定的销售经验，掌握厨柜产品知识、市场营销知识、商务礼仪、计算机知识等。客户喜欢的营销员有如下特征：

1. 热情友好，乐于助人；

2. 提供快捷的服务；

3. 外表整洁；

4. 有礼貌和耐心；

5. 介绍所购商品的特点；

6. 回答顾客的问题；

7. 提供准确的信息；

8. 帮助顾客选择最合适的商品和服务项目；

9. 关心顾客的利益，急顾客所急；

10. 记住顾客的偏好；

11. 帮助顾客做出正确选择；

12. 竭尽全力为顾客服务。

二、专卖店营销员的基本技能

1. 厨柜的基础知识

（1）厨柜概念：厨柜是把厨房各功能（包括清洗、加工、烹饪、储藏等）整合起来并根据厨房的空间及客户品位进行科学配置及划分的定做家具，其目标是令厨房各功能配套更合理，使用更方便，外观更美观。

（2）厨柜特点：厨柜属于板式家具的范畴，但与普通家具不同，厨柜是定做型家具，没有定型产品，都是上门量身定做，需要一定的生产周期。

（3）厨柜的结构：厨柜从大分上一般由地柜、吊柜、台面三部分组成。一部分较大的厨房还可以配上高柜或中高柜，以实际情况定。

厨柜从细分上，由于厨柜属于板式家具，所以厨柜基本上是由板件及五金配件构成。

（4）地柜结构：以一个单门地柜为例，柜体结构主要由左侧板、右侧板、底板、上板条、背板、门板、连接五金件、门铰、柜脚等组成。

（5）吊柜结构：以一个单门吊柜为例，柜体结构主要由左侧板、右侧板、顶底板、背板、门板、连接五金件、门铰、吊码或吊柜螺丝等组成。

（6）厨柜选用板材：

①柜体用材：三聚氰胺双饰板、高密度板、水晶板等。

②台面用材：天然石、防火板、钢化台面、人造石等。

③门板用材：三聚氰胺双饰板、防火板、烤漆板、吸塑板、实木板、水晶板等。

2. 商务礼仪

（1）热情

营销员在为顾客服务时，必须热情、主动、大方。面带微笑是服务顾客的最基本准则。

营销员必须能使顾客在购物时享有亲切、愉快的感觉。

（2）专业

营销员在为顾客服务时，必须统一着装，使用规范语言，进行规范操作。营销员必须成为其所售产品的专家，对产品的功能、使用、维护等了如指掌，使顾客在购物中产生信赖感。

（3）负责

营销员必须对其顾客、工作及行为负责，必须具备极强的责任感，而不马虎应付。

（4）节俭

营销员在工作中必须注意节俭，以保证能有效且最大化地使用各项资源。

（5）完美

营销员不能抱有"只要按手册来做就万事大吉"的想法，应该做得比手册规定的更完美。

3. 营销员的工作职责

专卖店营销员的直接领导为专卖店经理（或店长），在日常工作中接受其直接领导的管理和指挥，并进行问题的处理。

（1）专卖店的环境卫生打扫、保持；

（2）样品柜的完好性检查、问题的上报；

（3）装饰用品的保管及完好性检查；

（4）完成企业制定的销售指标；

（5）企业及厨房文化的宣传推广工作；

（6）用户的接待及产品的售后服务工作。

4. 营销员工作流程

进店—售前准备—售中服务—售后服务—营业结束—离店。

（1）售前准备

①进店

②换装

③清洁

④检查

（2）售中服务

①服务流程

顾客：进入商场—观看—触摸—咨询—讲解—下定—交易—离开。

营销员：迎接—适时介绍—讲解产品—设计—签订合同—送别。

②迎接

③介绍商品

④引导到服务区进行讲解

A. 注意观察顾客的动作和表情，是否对产品有兴趣。

B. 向顾客推荐产品，观看顾客的反应。

C. 询问顾客的需要，用开放式问题引导顾客回答。

D. 精神集中，细心聆听顾客的意见。

E. 对顾客的谈话做出积极的回应。

F. 了解顾客对产品的要求。

G. 向顾客详细介绍厨柜产品。

H. 介绍厨房设计的要点、常见注意事项。

⑤设计

A. 根据顾客需要，重点介绍本公司产品的特性。

B. 让顾客感觉营销员的专业性。

C. 引导顾客认识本公司产品的优势与过人之处。

D. 实事求是对顾客进行购买讲解。

⑥签订厨柜合同

⑦道别

⑧整理

（3）售后服务

顾客咨询有关售后服务的问题，或有质量问题时，促销员应耐心听取顾客意见，帮助顾客解决问题。如有需要，应跟进问题的解决情况，给顾客留下认真细致的服务印象。

（4）异议处理

顾客在有一定购买意向时，会提出一些疑问，或对营销员的介绍持有异议。在这一时刻，营销员应耐心听取顾客的问题，解答顾客的疑问，并了解清楚顾客提出异议的深层原因，帮助顾客解决问题。

5. 售后服务的要求

执行国家《产品质量法》《消费者权益保护法》《产品维修、更换、退换责任规定》及产品服务规定。

（1）售后服务的接待要求

①售后服务程序

A. 产品使用、维修的咨询，顾客咨询处理，顾客咨询记录；

B. 问题产品的投诉处理。

②售后服务技巧

A. 接待

营销员须以热情、真诚的态度接待前来投诉的顾客，将顾客引至一旁，以免影响店内的销售。

B. 倾听

仔细并耐心地倾听顾客的不满及抱怨，给予顾客发泄的机会，并点头表示理解，切忌随意打断、争辩或表现出满不在乎的神情。

C. 道歉

因为顾客是上帝，所以无论顾客是对是错，你都必须向顾客道歉。

D. 规范用语

"非常抱歉，我们给您造成了这些不必要的麻烦。"

"您放心，我们一定会尽快解决您的问题。"

（2）售后投诉的工作方法

①处理

营销员在处理投诉时必须兼顾顾客和公司双方的利益，酌情进行灵活处理。

②质量问题范围内产品

营销员必须快速给顾客处理问题或办理相关手续，处理完后，须再次向顾客道歉

③无法处理的售后问题

营销员必须将不能处理的理由清楚地向顾客解释，以取得客户的谅解，而无法解决的投诉问题，营销员应立即与公司售后服务部联系，请公司售后服务部协助解决问题。

④填写投诉表

营销员处理完投诉后，应如实填写投诉表并存档备案，以免再次发生类似状况。

（3）售后服务记录

①用户来电／来函／来访登记表；

②顾客咨询记录／质量投诉记录；

③售后服务汇总表／售后服务分析报告。

（4）产品保修期限

三、专卖店营销员的销售技巧

1. 接近顾客的时机

（1）顾客注视特定产品的时候；

（2）用手触摸产品时；

（3）顾客表现寻找产品的时候；

（4）与顾客视线相对时；

（5）顾客与同伴交谈的时候；

（6）顾客放下手的一段时间内；

（7）探视样品柜或其他的客人。

2. 推销产品时应采取的步骤

（1）吸引顾客的注意力，营销员应先讲话而不应该让顾客先开口；

（2）充分利用产品资料及手势，目光接触以及产品实物等引发顾客兴趣；

（3）激发顾客的购买欲望，促使顾客采取购买行动。

3. 推销产品应遵循的原则

（1）指出使用产品给顾客带来的益处；

（2）把顾客的潜在需要与产品联系起来；

（3）通过产品演示，比较差异，突出优点。

4. 介绍产品时的一般技巧

（1）耐心回答，解释顾客提出的有关产品的所有问题；

（2）以热情的口吻来客观介绍、解释产品，语言要流通自如，充满信心；

（3）用语应表示尊重，永远不要用命令性语气，只能用请求性的语气；

（4）拒绝场合应用对不起和请求性的语气；

（5）不能妄下断言，要让顾客自己决定；

（6）在自己的责任范围内说话，多说赞美和感谢的话；

（7）推销要点要言简洁，有针对性地强调主要特点，不要泛泛地罗列优点，要配合顾

客的认识进度，不要急于把所有的产品特点一口气讲完，要让顾客有思考的时间，循序渐进地引导顾客了解并认可产品；

（8）给予顾客提问的机会，以把握顾客的需求心理动态，对顾客的提问要立即回答，以免留下怠慢顾客的感觉，引起反感；

（9）尽量使用客观的证据说明产品特性，避免掺杂个人主观臆断，介绍产品时不要夸大其词，以免给顾客以吹捧产品的感觉，引起反感；

（10）尽可能地让顾客说"是"，而不说"不"；

（11）尽可能让顾客触摸，操作产品，以增加其购买兴趣；

（12）充分示范产品，增强产品说明效果，说明或示范时要力求生动，要边示范边讲解，示范时间不宜过长，也不宜急于推销产品。

营销锦囊

顾客来买厨柜其实并不是一件快乐的事，他是很痛苦的。为什么呢？因为那么多牌子的厨柜，那么眼花缭乱。如果不是家里装修或搬家缺厨柜的话，我想没有人愿意来逛建材城。所以厨柜营销人员一定先要有这样的心态：我是帮助顾客解决痛苦的，销售的最高境界就是"为人民服务"。

最优秀的厨柜营销员不仅能够很好地销售产品，还能给客户带来知识、文化等超值的服务，是企业与顾客之间沟通的桥梁。一个业务的失败，往往是败在第一道关：顾客不喜欢的厨柜营销员。为此，专卖店厨柜营销员必须是一个有着专业素质、专业技巧、专业服务，有着顾客喜欢的亲和力的厨柜营销员。因此，厨柜营销员的日常行为要求已成为严格的规范制度。

本章小结

本章着重论述了厨柜区域代理商、专卖店经理、专卖店营销员相关销售主体的基本素质和技能。如今，厨柜品牌的竞争归根结底是渠道和终端营销能力的竞争。因此，企业应该把重心放到终端渠道的服务上，强化对区域代理商的盈利能力的培养。第一，提升终端代理商对客户的服务能力，换句话来说就是公司把产品卖给代理商，代理商再把产品卖给消费者，经常性地开展营销培训、小区推广培训、产品知识培训等，派遣区域经理到现场去对代理商进行实际的指导，通过活动的效果，直接促进代理商服务能力的提升。第二，建立终端的服务手册，包括门店推荐、终端产品的布置、终端活动的规划、团购联盟的做法、产品的保养和售后服务等。

总之，我国的厨柜行业正在极速扩张，许多厨柜企业都碰到了自身发展的瓶颈，如何去管理好整个营销渠道已成为厨柜企业的核心竞争能力之一。厨柜企业还需在今后的渠道管理上精耕细作，为企业的进一步腾飞打下坚实的根基。

第八章 厨柜的工程营销

第一节 厨柜工程营销的定义

📖 **学习目标**

掌握厨柜工程营销的内涵、特征及厨柜工程营销与零售的对比。

【重点】

1. 厨柜工程营销的内涵
2. 厨柜工程营销与零售的对比

【难点】

掌握厨柜工程营销与零售的对比

一、厨柜工程营销的定义

厨柜的工程营销是以房地产精装项目为基础的，依据精装房项目的时间、预算、资源及客户的需求而定制的批量厨柜产品销售。

二、厨柜工程营销与零售的对比

厨柜工程销售，相对于厨柜零售销售，是两个完全不同的销售模式，也是两种不同的渠道方法。工程销售主要对象为精装房以及特殊较大规模定制的群体，而终端销售是以家庭为主体的个人，从销售对象我们可以知道厨柜工程销售复杂程度远远大于厨柜零售销售。

首先，在购买决策上，零售的决策人主要是家庭成员中的一员或家庭成员共同决策。他们的目标和购买意向相对一致，在销售过程中我们也比较容易确定真正的决策人。而决策人较少，销售难度相对就低。厨柜工程销售，面对的不是独立的个体，而是一个组织。

这个组织因组织文化、组织架构以及决策群体成员的特殊性，每个组织的决策流程都是不一样的。因他们的差异和组织的复杂性，在销售过程中我们很难确定谁是主要决策人，而有的时候主要决策人也不完全具备拍板权力，这给我们销售带来较大的难度。

其次，销售流程复杂程度不一样。可想而知，厨柜零售的销售流程会简单很多。零售客户我们在确认客户购买意向后，确定购买厨柜套路，签订购买协议，缴纳一定定金，那么这个客户80%已被锁定。而工程销售整个流程要复杂得多，周期也要长得多。有些精装房销售，在楼盘打地基的时候就开始跟进，待这个项目结束已经是几年后的事情了。

第二节 厨柜工程营销的要素

学习目标

掌握厨柜工程营销的核心要素。

【重点】

1. 品牌要素
2. 良好的客户关系要素
3. 成本控制要素
4. 团队要素
5. 产品要素

【难点】

品牌、良好的客户关系和成本控制等要素是厨柜企业所应关注的核心要素。

影响工程销售的要素有很多。对于精装房市场而言，他们最终的客户依然是以家庭为单位的个人群体，如何通过相对固化的装修风格和较为统一的配套来满足不同类型的消费者需求，这是房地产商所要考虑的主要因素。不同类型的终端客户对产品属性关注的轻重程度不一样，综合来说，终端消费者对厨柜产品较为关注的因素主要有产品的质量、安全、价格、品牌等。而他们关注的这些因素也往往是房地产商所关注的主要因素。

对于厨柜生产商或者服务提供商而言，在厨柜产品同质化和竞争白热化的市场，除了提供性价比高的产品和优质的服务外，如何通过团队有效发掘客户、维护客户，建立良好的客户关系，最终实现长期合作，是厨柜生产商或服务提供商所应关注的主要要素。

一、品牌是进入客户采购目录的敲门砖

一个有知名度和美誉度的厨柜品牌，对终端消费者而言意味着更好的产品品质和更好的服务，同时也能侧面推动精装房的销售。选择一个知名度和美誉度较好的品牌，对房地产商和厨柜生产商或者服务提供商而言，是双赢的结果。

品牌是客户信任的基础，是进入客户采购目录的敲门砖。品牌沉淀了一个企业的市场定位、经营理念、产品质量、服务水平、消费者口碑等，是在特定范围内可以信赖的选择。

二、良好的客户关系是打败竞争对手的一把无形利器

品牌可以帮助建立对陌生事物的信任关系，而客户关系则可以帮助建立对已知事物的信任关系。这种基于前期信任基础的关系往往在厨柜工程营销中起着非常重要的作用。在工程营销中，甲方作为采购方，在产品和服务的专业化方面处于劣势，因此前期建立的信任关系可以起到很好的营销效果。尤其在产品同质化和竞争白热化的厨柜市场，良好的客户关系，是打败竞争对手的一把无形利器。

三、成本控制并非最低价

成本始终是工程销售关注的焦点。作为优秀的厨柜供应商，不能只考虑产品质量和服务问题，成本控制也应成为其核心竞争力。成本控制不是"最低价中标"，最低价中标往往是一个陷阱，是对公平竞争体系的一种伤害，而成本控制应该是提供高性价比的产品，客户真正的需求也是高性价比而非片面最低价。

四、团队是营销的保障

工程营销必须拥有专业化的团队，工程营销是系统战争，这对于团队的协同作战能力具有很高的要求。同时，定制化产品的特殊性、大客户的专属特性都要求团队具备较高的专业能力。

五、产品是营销的基础

营销的基础是产品。对于定制行业而言，除了关注单套产品本身，还要关注产品的交付效率。对于工程营销来讲，产品不仅仅是要销售的东西，还包括研发能力（迅速开发出满足大客户需求的独特产品）、生产能力（在短时间内大规模定制的能力）、品质（大规模定制产品的品质管理）、供应链整合能力等。

第三节　厨柜工程营销的流程

学习目标

掌握厨柜工程营销的流程。

【重点】

1. 厨柜工程营销前期任务
2. 厨柜工程营销中期任务
3. 厨柜工程营销后期任务
4. 厨柜工程营销售后服务

【难点】

厨柜工程营销项目的跟进与执行

厨柜工程销售是一个复杂的体系工程，主要可以分为前期项目确认、中期项目跟进和后期项目执行三个阶段。每个阶段根据所要确认的事项不同，又可以分为几个子阶段。项目前期主要是收集项目信息、确认项目、拜访关键决策人以及确认项目本身；中期主要是围绕项目做好公关、确认方案、项目投标竞标等；后期根据项目结果，做好签约，开始项目执行以及项目结束后的维护工作。

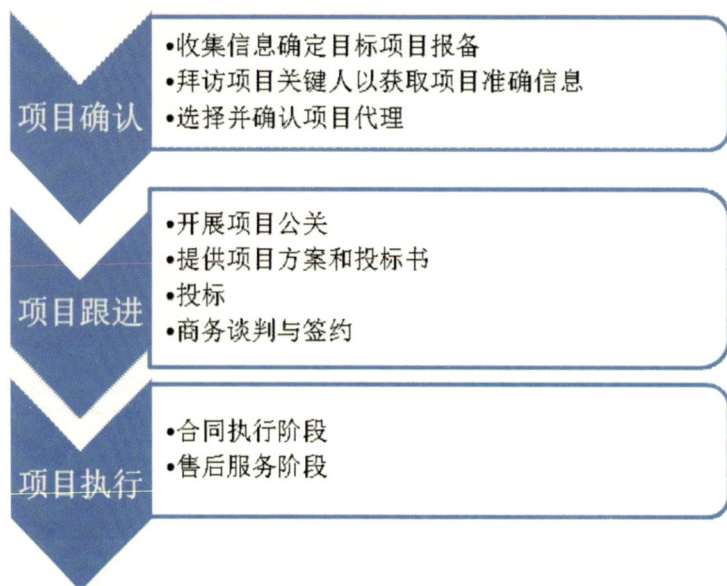

项目确认
- 收集信息确定目标项目报备
- 拜访项目关键人以获取项目准确信息
- 选择并确认项目代理

项目跟进
- 开展项目公关
- 提供项目方案和投标书
- 投标
- 商务谈判与签约

项目执行
- 合同执行阶段
- 售后服务阶段

图 8-1　厨柜工程销售流程图

一、项目确认

我们通过媒体等渠道很容易知道我们的工程客户的项目。前期项目确认阶段的难点是找到关键决策人。当然，对于经验丰富的工程营销人员，他们会通过不同的渠道找到他们想要见的人。找到关键人，项目确认任务就完成了一半。

（一）收集信息确定目标项目报备

厨柜工程销售的对象主要为精装房项目房地产商。销售对象非常明确而且在一个区域的精装房项目有限，所以我们不难找到这些项目的信息。这些信息是工程销售的基础。

收集项目信息的方法有很多。工程销售人员需具备对信息的敏感度和一定观察能力。同时要不断学习和积累，根据自身特长，找到适合自己的高效信息收集渠道，为工程销售打下基础。

（二）拜访项目关键人以获取项目准确信息

找准关键人是项目确认的重点。所谓关键人是对具体项目有决策权力或者对项目决策产生影响的人。工程项目的关键人往往是由多个部门的负责人组成。因销售对象内部组织和架构的差异，决策人也存在差异。通过各种渠道了解这个项目的负责部门，确认这个项目的决策人，是项目是否能成功的关键一步。

除了决策人，我们一定不能疏忽项目涉及的相关部门或者相关人员，虽然他们不直接参与决策，但他们的意见或建议会影响决策。这也是我们在工程销售过程中比较容易疏忽的。

案例

你真的找准关键人了吗?

孙庞是一家厨柜公司的销售经理，有着丰富的厨柜销售经验，因为是土生土长的当地人，加上多年积累的工程销售经验和人脉，很快就锁定一项精装房目标。他通过各种渠道知道这个房地产商的采购决策基本情况。这个企业的精装房厨柜采购是由公司的采购部主导，采购总监王总是这个项目的主要决策人，同时分管采购的有一个谢姓副总裁。孙庞也从侧面了解到，可能营销决策的部门是公司的设计部，主要负责人是设计部总监黄总。凭孙庞的经验和人脉，很快就处理好这些主要人员的关系，他们对孙庞也非常认可。加上孙庞公司的知名度、产能和交付能力以及对项目的深刻理解，孙庞的方案很快就得到认可，并设立了竞争对手无法企及的门槛。最终三个公司入围投标，就在投标的时候，设计部一名设计师对孙庞的方案提出了反对意见，虽然孙庞方案近乎完美，但也不是没瑕疵。不管孙庞怎么解释，同时也拿出几套解决方案，但都无法说服这个设计师，孙庞百思不得其解。事后他才知道，这个设计师虽然不直接参与决策，但他与企业主有着特殊关系，是该项目的实际执行者，他的意见就连副总裁也不敢轻易否决，这个特殊的情况孙庞虽然有一定了解，但并没有把他作为关键人处理和重视，结果，煮熟的鸭子就这样飞了。

（三）选择并确认项目代理

通过拜访关键决策人，充分了解项目背景、要求、预算等情况，结合公司自身优劣势分析，最终确定项目代理的可行性。

二、项目跟进

项目跟进是工程销售最关键的流程。根据工程销售的对象的不同，制定不同的跟进和公关策略，找到客户的痛点，通过有效的解决方案解决客户问题、满足客户的需求。

（一）开展项目公关

厨柜工程销售公关是最难做好的一个环节，往往因为工程环节太多，经办人太杂而使我们无法把握公关的主题。

如果将工程销售公关环节进行分解，从了解每个环节人员的需要入手，我们将会清楚每个环节应该怎么做。做好工程公关必须始终坚持"以情动之，以利诱之"的基本原则。同时，我们也应该尽量避免"湖吃海喝"的低级公关策略，而是在自身能力上不断提升，丰富自己的专业知识，提升自己的能力，实实在在为客户提供解决方案，满足客户需求。只有这样，同时配合必要的公关手段，才能培养长期稳定的客户，才能在后续项目实施过程中事半功倍。

我们要确定具体环节的人员，从具体人员开始公关。那么，我们必须清楚每个环节人员的需求，这样才能做到精准有效公关。对厨柜工程营销而言，我们需要公关的主要对象有：决策者、执行者、使用者、影响者。

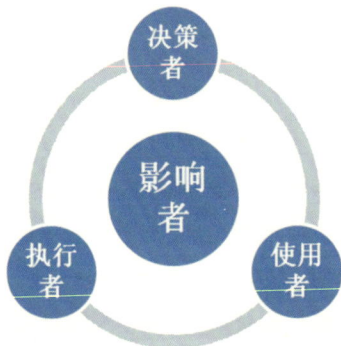

图 8-2 项目公关主要对象

1. 决策者

决策者往往是我们说的工程的甲方，一般而言是企业主，部分大型企业也有授权分管的副总裁或者采购总监等。他们的要求是"花最少的钱，采购到最好的产品"，所以我们更多的时间应该沟通产品和品牌本身，提炼更多产品卖点，让其感觉到产品的物美价廉。如果决策者是副总裁或者采购总监，而非企业主，要慎谈"回扣"，除非他有较明确的暗示。如果他有这样的暗示，那代表我们的产品已经基本入围了。

2. 执行者

执行者往往是企业中的采购人员。他们虽然不能决定购买谁的产品，但往往能决定不买什么。我们要积极配合这些采购执行者，让他们感觉到我们对他们的尊重，同时，厨柜的采购涉及的面很广，对于他们的不便或者困惑，我们要第一时间提供便利和解决方案，让他们不为难，极力避免这些执行者的负面信息出现而影响产品销售。

3. 使用者

厨柜的最终使用者是终端消费者，也就是业主。我们在工程销售的过程中不可能知道业主是谁。但厨柜还有一个比较容易忽略的使用者，那就是厨柜的安装工程师。

我们千万别以为产品卖出去就万事大吉了。厨柜工程的质量往往就掌握在这些安装工程师手里。通常有几种情况他们会向老板反馈质量问题：第一，的确质量有问题；第二，没得到好处，心里不平衡；第三，老板责怪他们安装得差，他们往往会把责任推到产品上。所以对于厨柜工程安装，我们建议派一个专家到现场指导安装。同时，我们知道，厨柜安装是一件很辛苦的事情，尤其在夏天。对于安装工的安装，我们可以通过购买饮料，买几包烟等方式，让他们感觉到我们对他们的尊重。如果公司有文化衫或者纪念品的，也可以赠送一些。

案例

他对人的尊重得到了回报

雷朋是某厨柜公司的工程销售人员，出生在偏远的农村，毕业后从事厨柜工程销售。他为人实在，对人友善，做事情脚踏实地。在他的努力和公司领导、同事的帮助下，入职半年后终于拿下一个大客户。虽然整个过程波澜起伏，最终项目开展还是顺利进行。项目到了执行阶段，虽然是大夏天，为了整个项目的顺利进行，雷朋经常亲自去施工现场，现场没有空调，安装师傅在"大蒸笼"的烘烤下汗流浃背，看到这个情况，他心里一酸，他想到了他的父亲。他到附近超市买了饮料和降暑的冰西瓜。这个项目持续了两个月，每次雷朋过来，都会给他们带点他们必需的小物品，和他们聊家乡，聊家庭，把他们当成自己的亲人，大家都夸雷朋是个懂事的孩子。到了项目验收阶段，担心的最终还是发生了，验收中发现厨柜出现了部分柜台和台面衔接上有问题，表面上看是原材料或者生产的问题，但设计或者现场安装问题的可能性也很大，大客户对此事很生气，雷朋也因为此事焦头烂额。正在此时，一位安装经验丰富的安装工程师站了出来，断定了这是安装的问题，并提供了解决方案，主动要求由自己带领团队进行整改，这个事情才平息下来。那位安装工程师对雷朋说，"雷朋，你不要感谢我，是你对我们的尊重，我们才有了站出来承认错误的勇气。"

4. 影响者

影响者的面相对较广，他有可能是采购相关人员、销售负责人、公司其他与项目相关的人员，甚至决策者的家属都有可能成为影响者。对于可能影响产品的人，我们一定要树立积极的一面，尽量避免成为对立面。同时，对于我们难以公关的决策者，我们也可以转变公关方向，从影响者处入手。

（二）提供项目方案和投标书

对于方案，我们要能解决客户的需求，戳中客户的痛点，同时，我们对竞争对手要有充分的了解，对方案垒砌壁垒，让竞争对手望尘莫及，这样的方案才是好的方案。还要避免以最低价为策略的投标，这样会拉低品牌的形象，同时也是一种不自信的表现。让自己的品牌更有价值，给客户提供性价比高的产品，这才是工程销售的最终出路。

（三）投标

厨柜工程销售以投标方式进行。我们根据招标人的需求和招标人提供的投标书的模板或者格式要求制定标书，并在规定时间内投标。切勿错过有效时间。

（四）商务谈判与签约阶段

中标后，对项目的一些具体细节做详细沟通，并确认执行人和具体对接人，签约后这个项目就正式开始执行，进入项目执行阶段。

三、项目执行

项目执行是对方案的验证，是对厨柜生产商或服务提供商的考验，是后期继续合作和扩大范围合作的前提。严格按标准和要求执行，提供让客户惊喜甚至意外的产品和服务，从而提高厨柜品牌的知名度和美誉度，用专业和服务争取更长期和更大范围的合作。

（一）合同执行阶段

合同执行阶段主要分为三大块内容，项目计划、项目实施和验收移交。

1. 项目计划

在签约后，针对整体项目的要求制定详细的项目计划。因每个项目的特殊性，制定计划前需和客户做一个详细的沟通，初步计划出来后，必要时可邀请相关人员参加答疑会，确保客户对整个实施计划是非常明确的。这也为后续的验收移交提供了标准。

2. 项目实施

根据实施计划进行项目实施，为了确保项目按原计划执行并保证项目执行的质量和进度，项目组成员需提前做好分工，明确权责。同时，因厨柜安装的复杂性，需指派一名专家现场指导工作，确保实施的质量和效率。

3. 验收移交

制定好项目计划、实施过程严格把控，项目移交就顺畅了。在项目实施前要制定验收标准，根据标准验收。当然，在验收过程中难免出现一些不满意的地方，这就要求我们的工程执行人员配合销售人员第一时间处理，使验收工作完美收官。

（二）售后服务阶段

售后服务除了服务好精装房地产商，更重要的是服务好终端客户。服务好终端客户，也意味着服务好工程客户。

好的服务，可以获得好的口碑，也会反作用于工程和终端销售。不要只看眼前利益，服务的过程同时也是下一个新的销售的过程，在厨柜等建材行业，好的服务会为你带来好的口碑，好的口碑会给你带来意外的惊喜。

服务创造新价值

　　某厨柜公司在精装房市场口碑很好。该厨柜公司每年都会开展服务月，在每年6—7月开展为期1个月的免费上门保养服务，甚至为客户检修基本水路、电路，整个服务过程认真、专业，为客户制造了超出意料的惊喜。客户对这个厨柜品牌很认可，口口相传，很多终端客户都是精装房老客户推荐介绍的。所以，好的服务能创造新价值。

本章小结

　　厨柜企业如果想在工程营销活动中取得成果，必须了解、分析顾客的不同需求情况，根据企业的具体条件，选择那些最能发挥自己差别优势的顾客作为企业营销活动的对象。

　　对于厨柜生产商或者服务提供商而言，在厨柜产品同质化和竞争白热化的市场，除了提供性价比高的产品和优质的服务外，如何通过团队有效发掘客户、维护客户，建立良好的客户关系，最终实现长期合作，是厨柜企业所应关注的主要要素。

　　厨柜工程营销项目前期主要是收集项目信息、确认项目、拜访关键决策人以及确认项目本身；中期主要是围绕项目做好公关、确认方案、项目投标竞标等；后期根据项目结果，做好签约，开始项目执行以及项目结束后的维护工作。

思考题

　　1. 影响消费者行为的个体因素与环境因素有哪些？

　　2. 在消费者购买决策过程的信息收集阶段，企业的营销任务是什么？

　　3. 知觉有哪些性质？如何利用这些性质提高市场营销效益？

　　4. 动机产生的条件是什么？如何运用马斯洛需要层次论指导营销决策？

　　5. 如何识别不同的相关群体？

　　6. 产品需要程度与消费可见程度怎样影响相关群体？

　　7. 说明复杂的购买行为、减少失调感的购买行为、多样性购买行为和习惯性购买行为产生条件以及相应的营销策略。

　　8. 如何通过情境分析提高市场营销效益？

后 记

　　时光荏苒，经过两年多激烈的研讨和辛勤的编写，《厨柜营销》在2017年终于付梓。为什么要编写这本应用性大于书面说明的教材，前言已有说明。仅就教材而言，不同的学者从不同的角度出发，编写了不同的厨柜营销学教材。从教材内容侧重点来看，有适合于综合性大学的，也有适合于特色较为明显的专科学校的，还有适合于成教或自考学生的。但在众多的教材中，以国家特色专业建设为基础的厨柜营销专业系列教材却为数不多。本教材基于厨柜营销特色专业建设，根据我国国家特色专业建设要求，针对市场营销国家一类特色专业人才培养目标而编写，突出了基础性、针对性及应用性，力求理论与实际相结合，用"案例"引出本章的理论知识点，以提高学生分析问题的能力，并且每一章都有重点难点和思考题，方便读者阅读、学习。

　　在编写过程中，对资料的裁剪贯彻的是"准确、妥当、精约、明了"的原则，紧跟现代科技的步伐，力求务实缜密。我们一方面广泛搜集中外厨柜企业的新旧产品资料，归类总结其通用的营销手段和现场作业技巧，使学习者能触类旁通；一方面又紧跟现代厨柜营销改进的步伐，挑出一些典型的创新产品营销作为引子，以资参考和借鉴。这是一种尝试，但可能会挂一漏万。分列章节，以期大纲细目，让读者一目了然，以便查阅。

　　最后应加说明，《厨柜营销》在历经两年多的艰辛之后，得以顺利出版，首先应归功于各位厨柜界前辈的不吝指教和大力推进。自接受编写任务以来，本书作者李建清就来回奔波，勤耕写作找资料，教材的规划、资料的爬梳、现场作业经验的总结和行业前沿的展望等，都是他的经验结晶。其次，追溯缘起，厦门金牌厨柜股份有限公司傅琳浩、张其茂、李春等的大力支持、齐心协力，功不可没。再次，厦门金牌厨柜有限公司总裁潘孝贞、厦门南洋学院副校长张东宏、中国五金制品协会整体厨房分会执行秘书长赵汗青、厦门好兆头厨柜股份有限公司董事长陈加栋、厦门方特卫浴有限公司总经理张信贵、厦门尚宇环保股份有限公司董事长马华德等对教材的编写提出了不少保贵的意见，并提供了工作的便利，在此谨致谢忱。读者在使用本书的过程中如发现任何不妥之处，恳请向编者提出宝贵意见，在此表示衷心感谢！

《厨柜营销》编写组

2017年7月28日